高等职业教育工业机器人技术专业系列教材

NACHI 工业机器人编程与操作

主编　许怡赦　许孔联
参编　姚　钢　王玉方　罗清鹏

机械工业出版社

本书以 NACHI 工业机器人实训系统为平台，基于"项目导入、任务驱动"理念组织教材内容，知识点以够用为原则，强调以做为主的理念。本书包括 NACHI 工业机器人手动操作、NACHI 工业机器人涂胶编程与操作、NACHI 工业机器人搬运码垛编程与操作、NACHI 工业机器人打磨编程与操作以及 NACHI 工业机器人分拣编程与操作五个项目。每个项目均采用实践案例讲解，兼顾了工业机器人技术基础知识和实际应用情况；每个任务的内容均深入浅出、图文并茂，力求提高学生的学习兴趣和效率。本书在介绍理论基础的同时，突出内容的实用性和实施的可操作性，突出动手能力和创新素质的培养，是一本理论与实践结合、系统介绍 NACHI 工业机器人编程与操作的教材。

本书可作为高等职业院校工业机器人技术专业基础课程，以及机电一体化技术、电气自动化技术等专业扩展课程的教材，也可作为各类工业机器人技术应用的培训教材，还可作为从事工业机器人系统集成、工业机器人编程与操作等工程技术人员的参考书。

本书配有电子课件，凡使用本书作为教材的教师可登录机械工业出版社教育服务网 www.cmpedu.com 注册后下载。咨询电话：010-88379375。

图书在版编目（CIP）数据

NACHI 工业机器人编程与操作/许怡赦，许孔联主编. —北京：机械工业出版社，2022.7（2024.7 重印）
高等职业教育工业机器人技术专业系列教材
ISBN 978-7-111-70708-0

Ⅰ.①N… Ⅱ.①许…②许… Ⅲ.①工业机器人-程序设计-高等职业教育-教材②工业机器人-操作-高等职业教育-教材 Ⅳ.①TP242.2

中国版本图书馆 CIP 数据核字（2022）第 077011 号

机械工业出版社（北京市百万庄大街 22 号 邮政编码 100037）
策划编辑：薛　礼　　　　责任编辑：薛　礼
责任校对：潘　蕊　王　延　封面设计：张　静
责任印制：李　昂
北京捷迅佳彩印刷有限公司印刷
2024 年 7 月第 1 版第 2 次印刷
184mm×260mm・8.25 印张・201 千字
标准书号：ISBN 978-7-111-70708-0
定价：29.90 元

电话服务　　　　　　　　　网络服务
客服电话：010-88361066　　机 工 官 网：www.cmpbook.com
　　　　　010-88379833　　机 工 官 博：weibo.com/cmp1952
　　　　　010-68326294　　金 书 网：www.golden-book.com
封底无防伪标均为盗版　　机工教育服务网：www.cmpedu.com

前 言

随着制造强国战略的深入实施，智能制造战略的进一步推进，工业机器人已广泛应用于汽车、电子、电气等行业。根据《2020 年世界机器人报告》，2019 年，中国工业机器人新装机量为 14 万多台，尽管销量低于 2018 年和 2017 年的创纪录水平，但仍比 5 年前的销量翻了一番（2014 年为 5 万余台），新机器人的销量仍处于高位。目前，我国已成为世界上最大、增长最快的机器人市场，随着自动化、智能化程度的深入，国内机器人装机量仍将保持高位。相关统计数据表明，到 2022 年，工业机器人装机量将超过 100 万台，与此同时，机器人人才缺口为 20 万人左右，且每年仍以 20%~30% 的速度增长，预计到 2025 年，机器人工程师需求量将达到 100 万人。针对这种情况，中高职院校纷纷开设了工业机器人技术专业或在其他相关专业（如机电一体化技术专业、智能控制技术专业以及电气自动化技术专业）开设了工业机器人相关课程，以减缓专业人才缺口对工业机器人产业发展的影响。

本书旨在培养学生关于工业机器人安装、调试和维护等应用方面的技能，强调以学生操作为主，同时穿插了工业机器人技术基础的有关知识点，做到实践与理论相结合，力求做到"内容实用、操作性强、学以致用"，突出实践能力的培养。NACHI 工业机器人作为机器人领域"四小金刚"之一，在国内占有较高的市场占有率。本书以 NACHI 工业机器人为例，结合工业机器人综合实训系统，通过 NACHI 工业机器人手动操作、涂胶编程与操作、搬运码垛编程与操作、打磨编程与操作、分拣编程与操作五个项目介绍工业机器人操作与编程方法，按照"项目引领、任务导入"和"以做为主"的理念组织教材内容，由易到难、深入浅出、实操性强。

本书由许怡赦、许孔联担任主编。编写分工为：湖南网络工程职业学院许孔联编写项目一、湖南网络工程职业学院王玉方编写项目二、湖南网络工程职业学院姚钢编写项目三、湖南网络工程职业学院许怡赦编写项目四、湖南科瑞特科技有限公司罗清鹏编写项目五。

本书在编写过程中得到了湖南科瑞特科技有限公司的大力支持和帮助，以及 2020 年度湖南省哲学社会科学基金一般项目（20YBA190）的支持，在此一并表示深深的感谢！

本书是编者近几年教学实践的总结。由于水平有限，书中难免存在不妥之处，恳请读者不吝赐教，批评指正。联系邮箱：yishexu@163.com。

编　者

目录 Contents

- 前言
- 项目一　NACHI 工业机器人手动操作 / 1
  - 一、学习目标 / 1
  - 二、工作任务 / 1
    - （一）任务描述 / 1
    - （二）所需设备和材料 / 1
    - （三）技术要求 / 1
  - 三、知识储备 / 2
    - （一）NACHI MZ04-01 工业机器人认知 / 2
    - （二）NACHI MZ04-01 工业机器人各种按钮、开关和按键介绍 / 2
    - （三）NACHI 工业机器人坐标系的含义 / 9
    - （四）工具常数设定流程 / 9
    - （五）机器人程序结构说明 / 10
    - （六）以屏幕编辑功能进行修正 / 12
    - （七）工业机器人操作注意事项 / 13
  - 四、实践操作 / 14
    - （一）轴坐标系下 NACHI 工业机器人手动操作 / 14
    - （二）机器人坐标系下 NACHI 工业机器人手动操作 / 16
    - （三）NACHI 工业机器人工具常数设定 / 16
  - 五、问题探究 / 23
    - （一）工具长度和工具角度 / 23
    - （二）机器人上的附加负载 / 24
  - 六、知识拓展——工业机器人系统的组成和技术参数 / 24
  - 七、评价反馈 / 27
  - 八、练习题 / 28
- 项目二　NACHI 工业机器人涂胶编程与操作 / 29
  - 一、学习目标 / 29
  - 二、工作任务 / 29
    - （一）任务描述 / 29
    - （二）所需设备和材料 / 29

（三）技术要求 / 29
三、知识储备 / 30
　　（一）ALLCLR、CALLP、REM 和 END 命令介绍 / 30
　　（二）程序运行流程 / 32
　　（三）再生运行 / 32
四、实践操作 / 34
　　（一）W 轨迹涂胶 / 34
　　（二）示教前的准备 / 35
　　（三）新建程序 / 35
　　（四）示教编程 / 36
　　（五）涂胶程序运行 / 42
　　（六）圆形轨迹涂胶 / 43
　　（七）方形轨迹涂胶 / 45
　　（八）主程序调用子程序 / 47
五、问题探究 / 48
　　（一）程序修正 / 48
　　（二）机器人运转方法 / 48
六、知识拓展——工业机器人在汽车制造涂胶作业中的应用 / 50
七、评价反馈 / 50
八、练习题 / 51

项目三　NACHI 工业机器人搬运码垛编程与操作 / 52

一、学习目标 / 52
二、工作任务 / 52
　　（一）任务描述 / 52
　　（二）所需设备和材料 / 52
　　（三）技术要求 / 52
三、知识储备 / 53
　　（一）SET、RESET、DELAY 等应用命令介绍 / 53
　　（二）姿势常量 / 55
　　（三）变量 / 56
　　（四）姿势文件概述 / 58
四、实践操作 / 59
　　（一）搬运码垛轨迹规划 / 59
　　（二）示教前的准备 / 60
　　（三）搬运码垛示教编程 / 62
五、问题探究 / 68
　　（一）堆列概述 / 68
　　（二）堆列故障处理 / 71
六、知识拓展——机器人在包装码垛作业中的应用 / 72

七、评价反馈 / 73
八、练习题 / 74

> **项目四　NACHI 工业机器人打磨编程与操作 / 75**

一、学习目标 / 75
二、工作任务 / 75
　（一）任务描述 / 75
　（二）所需设备和材料 / 75
　（三）技术要求 / 75
三、知识储备 / 76
　（一）WAITI 命令介绍 / 76
　（二）输入/输出信号分类 / 76
　（三）基本输入信号 / 77
　（四）基本输出信号 / 78
　（五）I/O 区域映射 / 79
　（六）软 PLC 程序编辑 / 80
四、实践操作 / 83
　（一）打磨轨迹规划 / 83
　（二）示教前的准备 / 83
　（三）打磨示教编程 / 84
五、问题探究 / 90
　（一）软 PLC 概述 / 90
　（二）软 PLC 指令概述 / 92
六、知识拓展——机器人在打磨作业中的应用 / 93
七、评价反馈 / 93
八、练习题 / 94

> **项目五　NACHI 工业机器人分拣编程与操作 / 95**

一、学习目标 / 95
二、工作任务 / 95
　（一）任务描述 / 95
　（二）所需设备和材料 / 96
　（三）技术要求 / 96
三、知识储备 / 96
　（一）IF、GOTO、CALLP 等命令介绍 / 96
　（二）用户任务 / 100
　（三）输入变量 / 101
　（四）套接字通信 / 102
　（五）软 PLC 程序编辑 / 104
四、实践操作 / 105

（一）分拣轨迹规划 / 105
（二）示教前的准备 / 106
（三）分拣示教编程 / 109
（四）拍照数据收集子程序编程 / 118
（五）程序运行 / 118
五、问题探究 / 118
（一）移动功能 / 118
（二）PROFINET / 120
六、知识拓展——机器人在分拣作业中的应用 / 122
七、评价反馈 / 122
八、练习题 / 123

参考文献 / 124

项目一　NACHI工业机器人手动操作

一、学习目标

1）了解工业机器人组成系统及各系统之间的关系、工业机器人技术参数，以及工业机器人的基本分类。

2）了解 NACHI MZ04-01 工业机器人的规格参数、工作空间、控制柜和示教器等。

3）掌握 NACHI MZ04-01 工业机器人示教器的基本使用、工业机器人的安全操作、坐标系的概念与选择以及机器人运动形式等。

4）掌握 NACHI MZ04-01 工业机器人工具常数的设定、机器人程序结构及屏幕编辑功能。

5）能够安全启动工业机器人，并遵守安全操作规程进行机器人操作。

6）能够在轴坐标系和机器人坐标系下手动操作机器人运动，并能理解机器人的运动方向。

7）能够手动操作机器人对工具尖端进行工具常数设定。

二、工作任务

（一）任务描述

在工作空间内，手动操作 NACHI 工业机器人分别在轴坐标系和机器人坐标系下进行各轴的运动，观察各轴的运动状态。手动操作 NACHI 工业机器人对工具尖端进行工具常数设定，观察工具坐标系下机器人的运动状态。

（二）所需设备和材料

NACHI 工业机器人工作站如图 1-1 所示。

（三）技术要求

1）手动模式下，机器人手动速率通常不超过 3 档，为安全起见，手动操作速度通常选用较低档位的速度。

2）机器人与周围任何物体不得有干涉。

图 1-1　NACHI 工业机器人工作站

3) 示教器不得随意放置,以免损坏触摸屏。

4) 初次接触机器人之前,应熟悉机器人安全操作规程。

5) 不能损坏工具尖端和工作台上锐利的尖端。

三、知识储备

(一) NACHI MZ04-01 工业机器人认知

NACHI MZ04-01 工业机器人是一款紧凑型 6 轴机器人,本体结构示意图如图 1-2 所示,规格参数见表 1-1,外形尺寸及工作范围如图 1-3 所示。紧凑、轻量、宽大的工作范围使机器人的操作更加简单、灵活,可广泛应用于上下料、物料搬运、包装、装配、分拣和去飞边等场合。

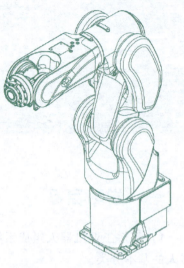

图 1-2 NACHI MZ04-01 工业机器人本体结构示意图

表 1-1 NACHI MZ04-01 工业机器人规格参数

规格参数		参数值	规格参数		参数值
构造		关节型	工动范围/rad(°)	J1 旋回	±2.97(±170)
关节数		6		J2 前后	-2.53~+1.57(-145~+90)
驱动方式		AC 伺服驱动		J3 上下	-2.18~+4.88(-125~+280)
可搬运质量/kg		4		J4 旋转2	±3.32(±190)
最大工作半径/mm		541		J5 弯曲	±2.09(±120)
位置反复精度/mm		±0.02		J6 旋转1	±6.28(±360)
周围温度		0~45℃	最大速度/(rad/s)	J1 旋回	8.38
设置条件		地面、壁挂、悬吊、倾斜		J2 前后	8.03
				J3 上下	9.08
耐环境性		相当于 IP40		J4 旋转2	9.77
主体质量/kg		26		J5 弯曲	9.77
噪声级别/dB		70		J6 旋转1	15.7
手腕允许惯性矩/kg·m²	J4 旋转2	0.2	最大手腕允许静负载扭矩/N·m	J4 旋转2	8.86
	J5 弯曲	0.2		J5 弯曲	8.86
	J6 旋转1	0.07		J6 旋转1	4.9

(二) NACHI MZ04-01 工业机器人各种按钮、开关和按键介绍

1. 控制装置操作面板

如图 1-4 所示,控制装置操作面板上配有紧急停止按钮、模式转换开关和电源开关。

项目一 NACHI工业机器人手动操作

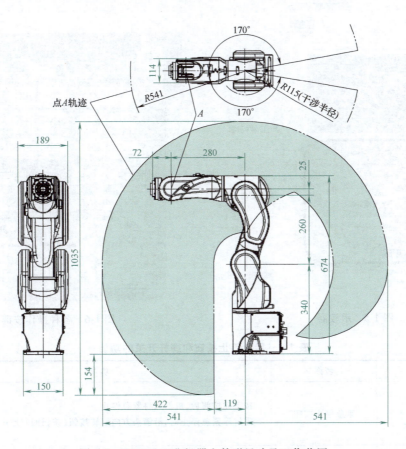

图 1-3 NACHI 工业机器人外形尺寸及工作范围

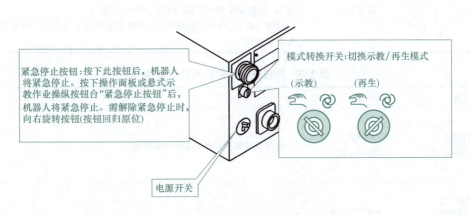

图 1-4 控制装置操作面板

2. 示教器

示教器如图 1-5 所示（其中，握杆开关和 USB 插口位于示教器背面），用于编写作业程序和进行各种设定。示教器上有操作按键（图 1-6）、按钮和开关等。紧急停止按钮和握杆开关的功能见表 1-2。各按键、按钮和开关的功能见表 1-3。

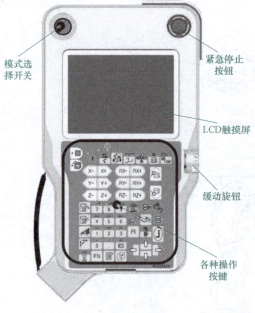

图 1-5 示教器　　　　　图 1-6 各种操作按键

表 1-2 紧急停止按钮和握杆开关的功能

外形	名称	功能
	紧急停止按钮	按下此按钮后,机器人将紧急停止 需解除紧急停止时,沿箭头方向旋转按钮(按钮回归原位)
	握杆开关	示教模式下手动操作机器人时使用,仅在左侧配置 握住握杆开关后,将向机器人供电[进入运转准备 ON(伺服 ON)状态]。仅在握住该开关期间可手动操作机器人 危险迫近时,应放开握杆开关,或者紧紧握住直至发出"咔嚓"声,机器人将紧急停止

表 1-3 各按键、按钮、开关的功能

图标	名称	功能
	ENABLE（动作可能）	与其他按键同时按,执行各种功能
	MOTOR ON（运转准备）	与<ENABLE>键同时按,将运转准备置于 ON 状态
	SHIFT（上档键）	与其他按键同时按,执行各种功能

项目一　NACHI工业机器人手动操作

(续)

图标	名称	功能
	单元/机构	1)单独按:机构切换。在系统内连接有多个机构的情况下,切换要手动操作的机构 2)与<ENABLE>键同时按:单元切换。在系统内定义有多个单元的情况下,切换成操作对象的单元
	SYNC (协调)	在连续多个结构的系统中,所使用的按键具有以下功能: 1)单独按:协调手动操作的选择/解除。选择/解除协调手动操作 2)与<ENABLE>键同时按:协调操作的选择/解除。在示教时,选择/解除协调动作。针对移动命令指定协调动作,在步号之前会显示"H"
	INTERP (插补/坐标)	1)单独按:坐标切换。在手动操作时,切换成以动作为基础的坐标系。每按一次,在轴坐标、机器人坐标和工具坐标之间切换,并在液晶界面上显示 2)与<ENABLE>键同时按:插补种类切换。切换记录状态的插补种类(关节插补/直线插补/圆弧插补)
	CHK.SPD/TCH.SPD (检查速度/手动速度)	1)单独按:手动速度变更。切换手动操作时机器人的动作速度。每按一次可在1~5范围内切换动作速度(数字越大,速度越快) 2)与<ENABLE>键同时按:检查速度变更。切换检查前进/检查后退动作时的速度。每按一次可在1~5范围内切换动作速度(数字越大,速度越快)
	STOP/CONT (停止/连续)	1)单独按:连续、非连续切换。切换检查前进/检查后退动作时的连续、非连续。选择连续动作,机器人的动作不会在各步停止 2)与<ENABLE>键同时按:再生停止。停止再生中的作业程序
	CLOSE (关闭/界面移动)	1)单独按:界面切换、移动。在显示多个监控界面的情况下,切换成操作对象的界面 2)与<ENABLE>键同时按:关闭界面。关闭选择的监控界面
	轴操作	1)单独按:不起作用 2)与<ENABLE>键同时按:轴操作。以手动方式移动机器人。要移动追加轴时,预先在单元/切换中切换操作对象
	检查前进/检查后退	1)单独按:不起作用 2)与<ENABLE>键同时按:检查前进/检查后退。执行检查前进/检查后退动作,通常在每个记录位置(步)使机器人停下来。也可使机器人连续动作,要在切换步/连续,使用停止/连续
	覆盖/记录	1)单独按:移动命令记录。在示教时,记录移动命令 2)与<ENABLE>键同时按:移动命令覆盖。将已记录的移动命令覆盖到当前的记录状态(位置、速度、插补种类和精度)。但是,只有在变更命令的记录内容时才可覆盖,不可在应用命令上覆盖移动命令或在其他应用命令上覆盖应用命令

(续)

图标	名称	功 能
INS	插入	1）单独按：不起作用 2）与<ENABLE>键同时按：插入移动命令。将移动命令插入当前步之后/之前
CLAMP/ARC	CLAMP/ARC （夹紧/弧焊）	此按键的功能根据应用（用途）的不同而有所差异 在弧焊用途中： 1）单独按：命令的简易选择。在 f 键（功能键）中显示移动命令、焊接开始和结束命令、焊条摆动命令等常用应用命令，能够输入 2）与<ENABLE>键同时按：不起作用 在点焊用途中： 1）单独按：点焊命令设定。用于设定点焊命令。每按一次键，在记录状态的 ON/OFF 之间切换 2）与<ENABLE>键同时按：点焊手动加压。以手动方式向点焊枪加压
	位置修正	1）单独按：不起作用 2）与<ENABLE>键同时按：位置修正。将选择的移动命令所记忆的位置变为机器人的当前位置
HELP	帮助	在不清楚操作或功能时，按该键可调出内置辅导功能（帮助功能）
DEL	删除	1）单独按：不起作用 2）与<ENABLE>键同时按：步删除。删除选择的步（移动命令或应用命令）
R	R （复位）	取消输入，或将设定界面恢复原状。此外，还可输入 R 代码。输入 R 代码后，可立即调用想使用的功能
PROG/STEP	程序/步	1）单独按：步指定。要调用作业程序内所指定的步时使用 2）与<ENABLE>键同时按：作业程序的指定。调用指定的作业程序
	回车	确定菜单或输入数值的内容
	光标移动	1）单独按：移动光标 2）与<ENABLE>键同时按：移动、变更。在设定内容由多页构成的界面上执行页面移动；在作业程序编辑等界面上，可以多行为单位执行移动；在维护或常数设定等界面上，切换并排的选择项目（单选按钮）；在示教/再生模式界面上，变更当前步号
	OUT （输出）	1）单独按：应用命令 SETM 的快捷方式。示教中调用输出命令的快捷方式 2）与<ENABLE>键同时按：手动信号输出。以手动方式使外部信号 ON/OFF

(续)

图标	名称	功能
	IN（输入）	示教中调用输入信号等待正逻辑的快捷方式
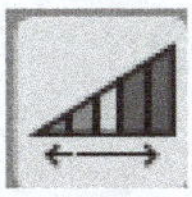	SPEED（速度）	设定移动命令速度或修正已记录的移动命令速度
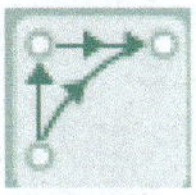	ACC（精度）	设定将要记录的移动命令的精度或修正已记录的移动命令的精度
	TIMER（END/计时器）	1）单独按：应用 DELAY 命令的快捷方式。在示教中记录计数器命令的快捷方式 2）与<ENABLE>键同时按：应用 END 命令的快捷方式。在示教中记录结束命令的快捷方式
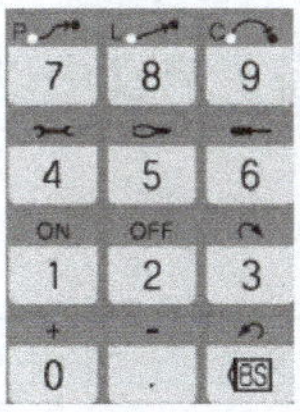	数值输入	1）单独按：数值输入（0~9、小数点）输入数值或小数点 2）与<ENABLE>键同时按 7 或 8 或 9：关节、直线、圆弧插补。调用关节、直线、圆弧插补命令的快捷方式 3）与<ENABLE>键同时按 4 或 5 或 6：应用 1、2、3 功能的选择。在弧焊应用中，在示教中把有关弧焊、焊条摆动、传感器的命令显示在 f 键上。在非弧焊应用中，可为应用 1~3 功能分配任意功能 4）与<ENABLE>键同时按 1 或 2 或 3：ON、OFF、重做。在设定等界面上，复选框勾选或取消。在新编写作业程序或编辑中取消刚才的操作
	BS（删除/取消）	1）单独按：删除。删除光标前的 1 个数值或字符。此外，也可在文件操作中解除选择 2）与<ENABLE>键同时按：取消刚才的操作。取消刚才的操作，恢复变更前的状态
	FN（功能）	用于选择应用命令
	编辑	打开作业程序编辑界面，在作业程序编辑界面主要执行应用命令的变更、追加、删除或者变更移动命令的各参数
	I/F（接口）	打开接口面板窗口

3. 机器人示教界面

如图 1-7 所示，机器人示教界面显示当前操作对象的作业程序或各种设定内容，以及选择功能所需的图标（f 键）等各类信息。

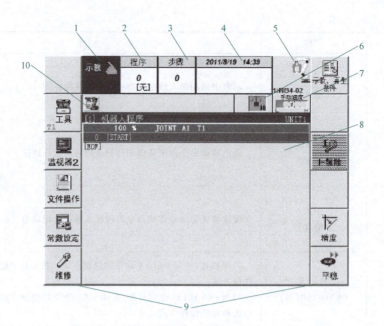

图 1-7 机器人示教界面

1) 模式显示区：显示所选择的模式（示教/再生），此外还显示运转准备、启动中以及紧急停止中的各种状态，见表 1-4。

表 1-4 状态显示

状态	示教模式	再生模式
运转准备 OFF	示教	再生
运转准备 ON、伺服电源 OFF	示教 运转准备	再生 运转准备
运转准备 ON、伺服电源 ON	示教 运转准备	再生 运转准备
运转准备 ON 检查前进/后退操作中(示教模式) 启动中(再生模式)	示教 运转准备 起动中	再生 运转准备 起动中
紧急停止中	示教 紧急停止中	再生 紧急停止中

2) 作业程序编号显示区：显示选择的作业程序编号。

3) 步号显示区：显示作业程序内选择的步号。

4) 时间显示区：显示当前日期和时间。

5) 机构显示区：显示成为手动运行对象的机构、机构编号及机构名称（型号）。若是多重单元规格的机器人，也一并显示成为示教对象的单元编号。

6）模式显示区：显示选择的坐标系（表 1-5）。

表 1-5　坐标系显示

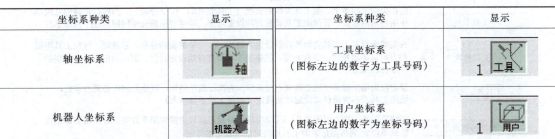

7）速度显示区：显示手动速度（表 1-6），按<ENABLE>键，显示检查速度。

表 1-6　速度显示

速度	显示	速度	显示
手动速度	手动速度 4 L H	检查速度	检查速度 4 L H

8）监控显示区：显示作业程序的内容（初始设定时）。

9）f 键显示区：触摸被称作 f 键的显示区，显示可选择的功能，左边六个相当于 f1~f6，右边六个相当于 f7~f12。有关 f 键的操作，将在本书后续内容中介绍。

10）可变状态显示区：在此区内以图标形式显示"输入等待_（I 等待）中"或"外部启动选择中"等各种状态。该状态一结束，图标即消失。有关可变状态显示区的内容，将在本书后续内容中介绍。

（三）NACHI 工业机器人坐标系的含义

NACHI 工业机器人提供了如下四种坐标系：

1）轴坐标系：机器人的轴（关节）各自单独动作。

2）工具坐标系：位置可自由定义的坐标系，以工具为基准的交叉坐标系，一般原点在工具上，坐标系原点称为"TCP"，即工具中心点。

3）机器人坐标系：位置可自由定义的坐标系，以机器人为基准的交叉坐标系，前后为 X 轴，左右为 Y 轴，上下为 Z 轴。一般原点位于机器人基座上，也可以从机器人底部"向外移出"。

4）用户坐标系：位置可自由定义的坐标系，一般由用户自行定义。

（四）工具常数设定流程

所谓工具常数，是指所安装工具的长度、角度、重心、质量及惯性矩等参数。为了确保机器人执行正确的直线动作或适当的加减速控制，这些参数是非常重要的参数。控制装置存储器最多可存储 32 种工具常数，若要使用多个工具，应设定所有的工具。工具常数设定流程如图 1-8 所示。

注意：假如错误地设定了工具的重心、质量、惯性矩，并且继续使用，可能对设备造成

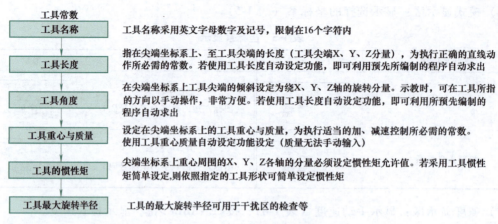

图1-8 工具常数设定流程

致命的损坏；即使是小的或轻的工具都有必要设定，大型工具的设定不能用于小型工具。

（五）机器人程序结构说明

机器人程序结构如图1-9所示，各主要参数简要说明如下：

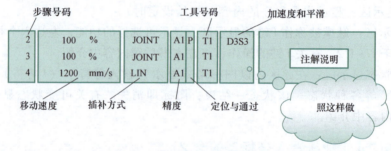

图1-9 机器人程序结构

1）步骤号码。记录指令所在的程序行或步骤。

2）移动速度。机器人运行到记录点的速度设定。

① mm/s：指定工具前端的移动速度。

② %：指定以机器人能够达到的最大速度为1的百分比。

③ sec：指定到达记录点的时间。

④ deg/s：指定工具姿势的变化速度。

3）插补方式。向一个记录点移动的时候，指定工具前端的运行轨迹。各种插补方式下的移动轨迹如图1-10所示。

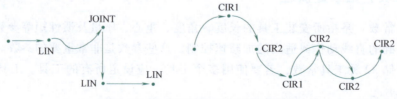

图1-10 各种插补方式下的移动轨迹

① LIN：工具前端按直线轨迹移动，机器人各轴进行联动。
② JOINT：各轴不进行联动，运行轨迹不规则。
③ CIR1：指定圆弧轨迹的中点。
④ CIR2：指定圆弧轨迹的终点。

4）精度。指定通过记录点的精度，精度不高的时候，可以指定为第 8 级。精度的回转半径可以在"参数设定"菜单中修改，设定示教点与转弯开始的距离。精度示意图如图 1-11 所示。

5）定位与通过（表 1-7）。"定位"又称强制检查，是指每当机器人内部的指令位置到达步时，等待实际的机器人达到后再朝下一步前进的方式，做精确定位动作。"通过"是指不降低速度，平滑通过内旋轨迹的方法，不做精确定位动作。

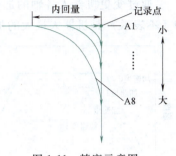

图 1-11 精度示意图

表 1-7 定位与通过

类型	直线插补	关节插补
定位	记录点 A1P/A8P	记录点 A1P/A8P
通过	记录点 A1/A8	记录点 A1/A8 至记录点的距离为接近至相当于精确度级别值的各轴编码器的脉冲量的地点，判断为一致，开始前往下一个记录点

6）工具号码。向记录点运动的时候，在预先定义的工具号码（T1～T32）当中，选择以哪个工具进行动作，如图 1-12 所示。

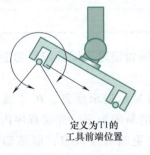
定义为T1的工具前端位置

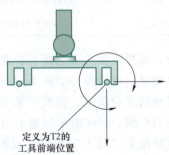
定义为T2的工具前端位置

图 1-12 工具号码

7）加速度和平滑。由工具、工件的刚性等因素引发振动时，如果在移动命令中使用这一功能，就可以柔和地移动机器人，减少振动。

通过调节机器人动作的加速度以调节平滑性的功能，能够设定 0~3 共 4 级（图 1-13），0（不表示）是机器人最大的加速度。

通过变更机器人各轴的加速度以调整平滑性的功能，能够设定 0~3 共 4 级（图 1-13），0（不表示）是机器人最大的加加速度。

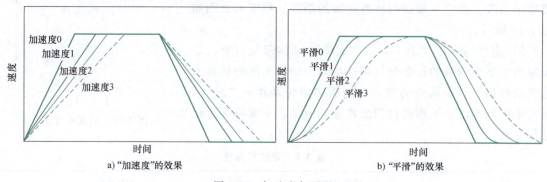

图 1-13　加速度与平滑

（六）以屏幕编辑功能进行修正

作业程序所记录的全部数据可用屏幕编辑功能简单地加以修正。屏幕编辑功能可以在示教模式下选择，在再生模式下选择了步骤再生后也可选择。屏幕编辑功能可进行的操作见表 1-8。

表 1-8　屏幕编辑功能可进行的操作

操作	内容
数据修正	可全部修正移动命令的记录（速度、插补种类、位置数据等），还可修正应用命令的记录数据
复制	可复制 1 行或多行，插入别处
剪切	可删除 1 行或多行
粘贴	将复制或删除的行插入别处
应用命令的插入和替换	可将应用命令插入任意的位置，也可将应用命令改为别的应用命令
应用命令查找	可查找应用命令
界面分割	可将界面分割为上、下两部分
速度一并变更	可一并变更多行移动命令的速度

在示教模式或再生模式下选择了步骤再生时，按下编辑键进入屏幕编辑功能，当前所选作业程序的界面显示被切换为如图 1-14 所示。

将光标移至所要的位置，依照"数据的说明栏"所显示提示信息，在"输入"栏输入新的数值并按回车键。程序清单所显示内容变为所输入的新的数字，此时程序内容尚未被改写。反映变更时按下"写入"按钮，或再次按编辑键，更新程序内容，屏幕编辑功能结束回到原来的界面。若不反映变更而结束时，按下复位键。

项目一 NACHI工业机器人手动操作

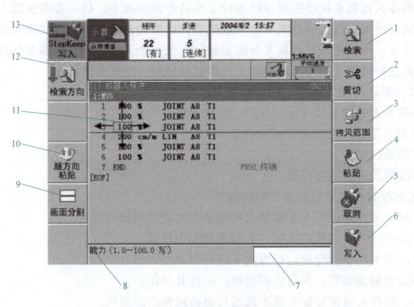

图1-14 屏幕编辑功能界面显示

1—查找。进行应用命令的查找。

2—剪切。剪切所选的行,剪切的行可用"粘贴"命令插入任意的位置。

3—复制范围。复制所选的行,复制的行可用"粘贴"命令插入任意的位置。

4—粘贴。剪切或复制的行可插入同一个程序内任意的位置,但无法粘贴到其他程序。

5—取消。不反映修正而使程序编辑结束,此外将剪切或复制的操作在中途取消。

6—写入。存储修正结果,结束程序编辑。

7—输入栏。变更光标所在的数据时,在此输入新的数值并按下回车键。

8—数据说明。光标所处位置的资料说明以及数值输入范围的显示。

9—界面拆分。将界面拆分为上、下两部分。操作对象界面的切换以"关闭/界面移动"进行。

10—顺方向粘贴。切换粘贴时的方向,选择"逆方向"时,剪切或复制的多行数据以逆序粘贴。

11—光标。可将光标移动至各数据处。

12—查找方向。切换查找方向为上或下。

13—步骤保留。通常,结束屏幕编辑时,步骤自动回到屏幕编辑启动前的步骤。同时按住<ENABLE>键和此键,保留屏幕编辑时的步骤而回到程序界面。

(七) 工业机器人操作注意事项

机器人系统必须始终装备相应的安全设备,如隔离防护装置(防护栅、门等),紧急停止按钮和轴范围限制装置等。在安全防护装置功能不完善的情况下,机器人系统可能会导致人员伤害或财产损失。在安全防护装置被拆下或关闭的情况下,不允许运行机器人系统。

只允许在机器人正常运行状态下,按规定且有安全意识地使用机器人系统,使用不正确会导致人员伤害及设备受损。

即使在机器人控制系统已关断且已进行安全防护的情况下,仍应考虑机器人系统可能进行的运动。错误的安装或机械性损坏会导致机器人或附加轴向下沉降,如果要在已关断的机器人系统上作业,则必须先将机器人及附加轴运行至一个无论有无负载都不会自动运行的状态。如果没有这种可能,则必须对机器人及附加轴做相应的安全防护。

1)机器人系统出现故障时,应采取的安全措施如下:

① 关断机器人控制系统并做好保护,防止未经许可的重启。

② 通过相应提示的铭牌查看故障状态。

③ 对故障进行记录。

④ 排除故障并进行功能检查。

2)现场编程时,应采取的安全措施如下:

① 编程时,不允许任何人在机器人控制系统的危险区域内逗留。

② 若一定要进入系统危险区域,必须采取安全措施。

③ 新程序必须在手动慢速运行方式下进行测试。

④ 若不需要驱动装置,为防止误启动,应将其关闭。

⑤ 工具、机器人或附加轴不得出现运行碰撞或伸出隔离栏。

⑥ 禁止乱放示教器,防止非编程人员误触。

四、实践操作

(一)轴坐标系下 NACHI 工业机器人手动操作

在轴坐标系下,机器人运动是指机器人各轴可分别单独移动,如图 1-15 所示。

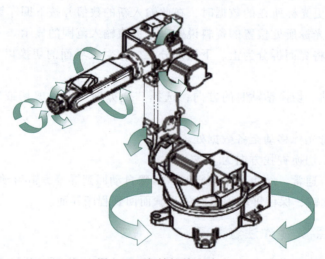

图 1-15 各轴的单独运动

1. 使控制电源 ON

如图 1-16 所示,将控制器电源开关向上拨到"ON"状态,系统自诊断完成后,自动出现初始界面,如图 1-7 所示。

项目一 NACHI工业机器人手动操作

图 1-16 控制电源 ON

2. 切换至示教模式

将图 1-4 所示的控制装置操作面板上的模式转换开关转至示教模式，同时将图 1-5 所示的示教器上的模式切换关开转至示教模式，此时示教器界面左上角的显示如图 1-7 所示。至此，已完成机器人的准备工作，可以利用示教器进行机器人手动操作。

3. 机器人在轴坐标系下的运动

同时按住示教器上的<ENABLE>键和<MOTOR ON>键，向机器人供电的准备完成，运转准备的指示灯开始闪烁，但尚未提供电力。

按<INTERP>键切换到轴坐标系，按<TCH.SPD>键切换手动操作时机器人的动作速度（3 档），同时示教界面显示轴坐标系和操作速度档位。

轻按示教器背面握杆开关向机器人供电，按 X+/-～RZ+/-键操作机器人六个轴进行正反运动，观察轴坐标系下工业机器人的正反运动，见表 1-9，进一步理解轴坐标系方向以及右手定则的使用。

表 1-9 轴坐标系下工业机器人的正反运动

轴	方向	备注	轴	方向	备注
1	X+ X-	机器人主体旋转	3	Z+ Z-	上腕上下运动
2	Y- Y+	下腕前后运动	4	RX- RX+	上腕旋转

15

(续)

轴	方向	备注	轴	方向	备注
5	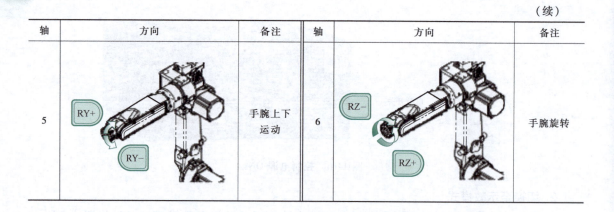	手腕上下运动	6		手腕旋转

（二）机器人坐标系下 NACHI 工业机器人手动操作

在机器人坐标系下的运动是指尖端（工具前端）在以机器人固定基座确立的坐标系上进行运动（图 1-17）。应用的种类（点焊、弧焊等）不同，手腕轴的动作方向也不同。

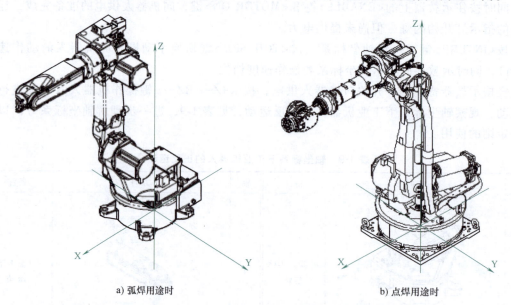

a) 弧焊用途时　　　　　　　　b) 点焊用途时

图 1-17　机器人坐标系的方向

按<INTERP>键切换至机器人坐标系，按<TCH.SPD>键切换手动操作时机器人的动作速度（3 档），同时示教界面显示机器人坐标系和操作速度档位。

轻按示教器背面握杆开关向机器人供电，按 X+/−～RZ+/−键操作机器人六个轴协同进行正反运动，观察机器人坐标系下工业机器人的正反运动，见表 1-10 和表 1-11，进一步理解机器人坐标系方向以及右手定则的使用。

（三）NACHI 工业机器人工具常数设定

1. 自动设定工具长度

1）在示教模式下，按<ENABLE>键和<PROG>键，输入程序号新建一个空程序。按

项目一　NACHI工业机器人手动操作

表 1-10　机器人坐标系下工业机器人的正反运动（弧焊用途时）

轴	方向	备注	方向	备注
X		沿 X 轴运动		在固定工具尖端的状态下，第 6 轴旋转中心线绕 Z 轴中心旋转
Y		沿 Y 轴运动		在固定工具尖端的状态下，在焊枪轴线与 Z 轴构成的平面上，焊枪以焊枪尖端为中心旋转
Z		沿 Z 轴运动		在固定焊枪尖端的状态下，保持焊枪位姿恒定，焊枪以焊枪轴线为中心旋转

表 1-11　机器人坐标系下工业机器人的正反运动（点焊用途时）

轴	方向	备注	方向	备注
X		沿 X 轴运动		保持工具的中心不动，以 X 轴为中心旋转
Y		沿 Y 轴运动		保持工具的中心不动，以 Y 轴为中心旋转

轴	方向	备注	方向	备注
Z	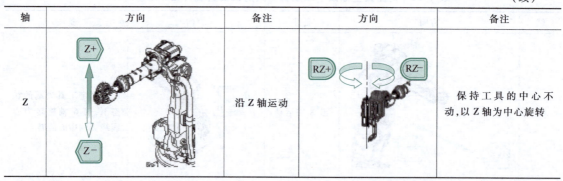	沿 Z 轴运动		保持工具的中心不动,以 Z 轴为中心旋转

<ENABLE>键和数值输入<8>键,在程序中输入超过 10 条直线插补指令,如图 1-18 所示,通过应用命令 "FN92" 输入 END 指令。工具号自行选择,不能使用已使用的工具号,以免更改其他人已设置的工具常数。

手动操作机器人,在轴坐标系、机器人坐标系或其他工具坐标系下,将机器人末端的工具尖端瞄准固定于工作台上的锐利尖端,如图 1-19 所示。对图 1-18 中的 11 条指令进行示教(轻按握杆开关和轴操作键操作机器人,示教过程中两个尖端尽量靠近,工具尖端位置尽量保持不变,机器人姿态改动幅度越大,测试效果越好)。

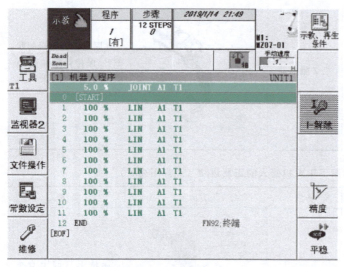

图 1-18 程序示教

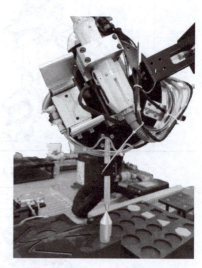

图 1-19 工具尖端无限接近工作台上的锐利尖端

2)在示教模式下,选择常数设定→机械常数→工具设定,进入工具设定界面,图 1-20 所示为工具常数输入界面。在有多个工具的情况下,按<ENABLE>键和编辑键,在软键盘中输入工具名称,按回车键即可。只有一个工具时,选择默认 TOOL1 即可。

3)选择图 1-20 所示的"简单设定"图标,默认显示工具长度自动设定界面,如图 1-21 所示,若显示不同的界面,则选择"长度设定"。"设定种类"选择"仅工具长度",移动光标至程序号码文本框,输入步骤 1)建立的程序 1,按回车键。选择"执行",机器人自动计算工具长度,不久后显示工具长度计算结果,如图 1-22 所示。

项目一　NACHI工业机器人手动操作

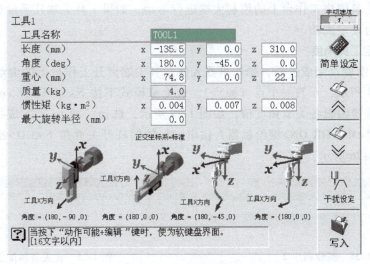

图 1-20　工具设定界面

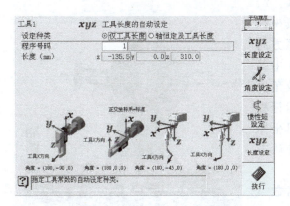

图 1-21　工具长度设定界面

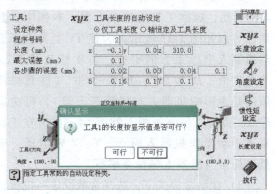

图 1-22　工具长度计算结果

4）图 1-22 显示了长度、最大误差和各步骤的误差，最大误差表示被求出的工具长度的正确性，此值越小，所求出的工具长度的精确度越高。如果最大误差较大，则可从数值较大的步骤依照顺序修正，选择"不可行"，重复这个作业达到小误差。如果获得的结果可行，选择"可行"，按回车键，此时仅显示被更新，尚未存到常数文件。

5）选择"写入"，弹出"工具设定"信息提示框，如图 1-23 所示。如果已经示教程序，不需要修改这些程序，选择"不可行"；如果是空程序，则选择"可行"。设定后的内容被存入常数文件内，界面返回至机械常数的菜单界面。

6）设定完毕后，按<R>键退出常数菜单，进行设定结果的确认。在示教模式下，按<ENABLE>键和<PROG/STEP>键，在现有程序中输入数值1，按回车键调出程序，如果现有示教器界面为程序1，无需操作此步骤。按下<ENABLE>键和<MOTOR ON>键给机器人供电，轻按握杆开关以及间断按下<GO>键，机

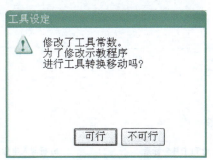

图 1-23　"工具设定"信息提示框

19

器人及其末端工具围绕工作台上的锐利尖端进行运动，如果工具尖端几乎没有动或动作范围小，那么可视为设定成功。

2. 自动设定工具角度

1）工具长度检查完成以后，操作机器人使工具尖端离开工作台上的尖端。新建一个程序2，如图1-24所示，示教一个点（原点）。在专家模式下按下<ENABLE>键和编辑键，移动红色光标，直接编辑各关节角度值，如图1-25所示，选择"写入"，完成指令编辑。按下<ENABLE>键和<MOTOR ON>键给机器人供电，轻按握杆开关并按下<GO>键，使机器人回到原点，如图1-26所示。

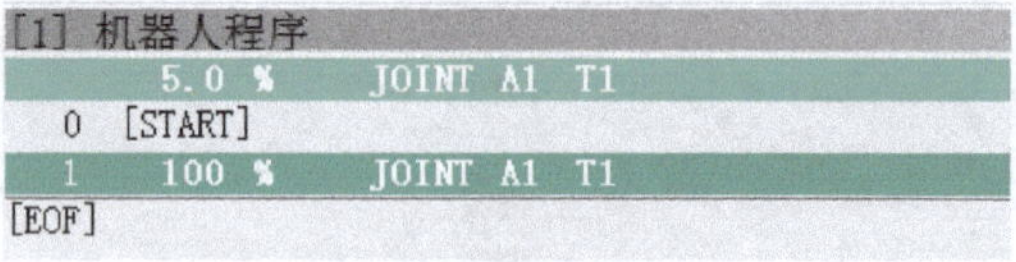

图1-24　新建程序2

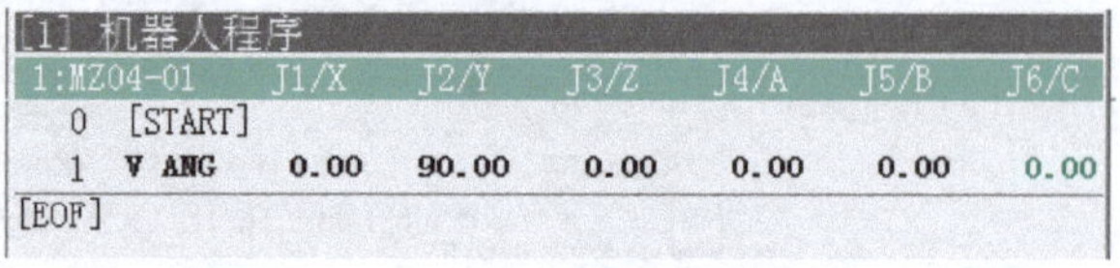

图1-25　各关节角度值

2）在工具坐标系下手动操作机器人沿X、Y、Z轴运动，观察工具坐标系方向，本例中工具坐标系的方向如图1-27所示。为使T1工具坐标系方向与机器人坐标系方向平行，再次修改图1-25中关节角度值：J5为90°，J6为-180°（注意修改角度值后是否影响机器人与气管等干涉），再次运行程序2，机器人位姿如图1-28所示。再次在工具坐标系下手动操作机器人沿X、Y、Z轴运动，确认工具坐标系与机器人坐标系平行。

3）在示教模式下，选择常数设定→机械常数→工具设定，进入工具设定界面，如图1-20所示。选择简单设定→角度设定，示教界面如图1-29所示。选择"执行"，弹出信息提示框，如图1-30所

图1-26　机器人回原点

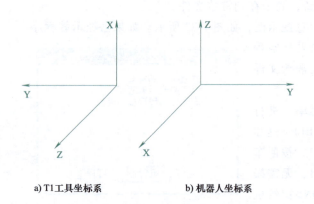

a) T1工具坐标系　　　　b) 机器人坐标系

图1-27　两种坐标系方向对比

图1-28　重新修改关节角度值后机器人位姿

示,选择"可行",返回工具设定界面。选择"写入",弹出"运转准备"未断开提示,按下紧急停止按钮断开"运转准备",选择"OK",完成工具角度自动设定。

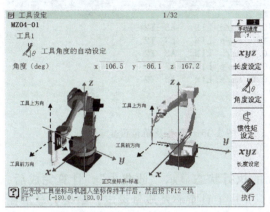

图 1-29 角度设定界面

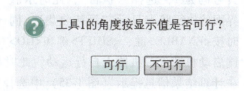

图 1-30 角度显示值是否可行提示

3. 工具重心及质量设定

1)选择"维修"→"自动重心设定"→"程序编制",进入程序编制界面,如图1-31所示。任意输入一个空程序,将光标移动至姿势1,按回车键,手动使机器人J5轴抬起至一定角度,如图1-32中姿态1所示,同时示教界面会有角度显示,按<REC>键。再次将光标移动至姿势2,按回车键,手动使机器人J5轴下降至一定角度,如图1-32中姿态2所示,同时示教界面会有角度显示,按<REC>键。选择"执行",显示测量程序已制作完成。

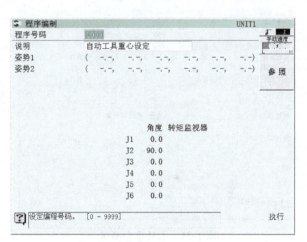

图 1-31 程序编制界面

a) 姿态1   b) 姿态2

图 1-32 机器人姿态调整

2）选择程序 1000，打开程序如图 1-33 所示。选择再生模式，按<ENABLE>键，设置示教界面右侧超越为 100%以及左侧步骤为 1 周期。

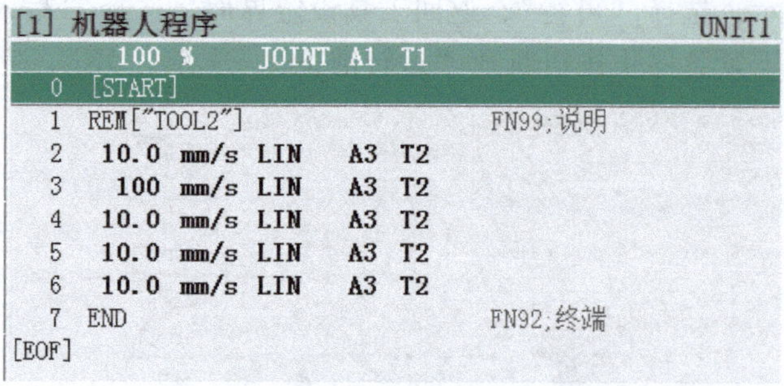

3）选择维修→自动重心设定→工具重心测量，进入工具重心测量界面，如图 1-34 所示。程序号码为 1000，工具号码为 1，选择"执行"，此时示教界面的执行状态显示"等待收集"。同时按<ENABLE>键、<SHIFT>键和<GO>键启动机器人，机器人自行运动，此时示教界面的执行状态显示"收集中"，计算完成后，在计算结果信息提示（图 1-35）中选择"可行"，完成工具重心及质量设定，结果会显示在工具设定界面（图 1-36）。

图 1-33 重心及质量设定程序

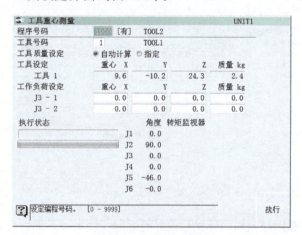

图 1-34 工具重心测量

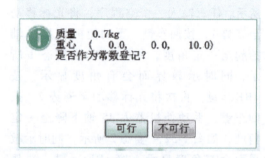

图 1-35 计算结果

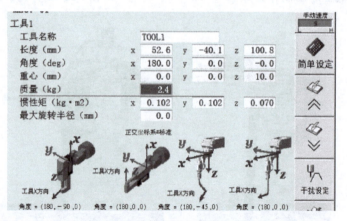

图 1-36 计算后重心和质量参数

4. 工具惯性矩设定

1）在示教模式下，选择常数设定→机械常数→工具设定，进入工具设定界面，如图 1-20

所示。选择简单设定→惯性矩设定,惯性矩设定界面如图1-37所示。

2)在图1-37中,按回车键和向右移动光标键,选择"面支撑"。如图1-19所示,由于机器人末端存在多个工具,并通过圆盘固定在机器人法兰面上,采用简单设定对惯性矩进行近似估算。此外,如图1-36所示,整个末端质量为2.4kg,质量较小,因此根据末端大概估算宽度、进深和高度值,本实例分别选为500mm、50mm和500mm。选择"执行",弹出信息提示框,如图1-38所示,选择"可行",弹出惯性矩设定数值界面,如图1-39所示,选择"可行",完成惯性矩设定。

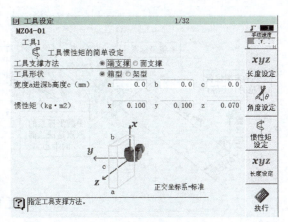

图1-37 惯性矩设定界面

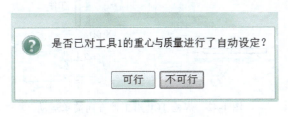

图1-38 是否进行工具重心与质量设定提示

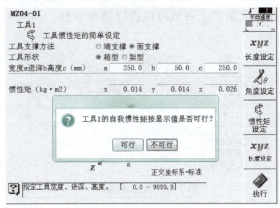

图1-39 惯性矩设定数值界面

5. 最大旋转半径设定

最大旋转半径即工具尖端的最大作业范围,本实例选为250mm,在图1-20中"最大旋转半径"文本框中输入数值即可。

至此,本实例工具参数全部设定完成,选择图1-20中的"写入",完成工具参数设定。此外,由于本实例的末端特点(质量较小、作业半径不大等),工具角度、惯性矩和最大旋转半径可以不进行设定。

五、问题探究

(一)工具长度和工具角度

1. 工具长度

工具长度即工具前端(焊枪的TCP、气爪的TCP等)到工具安装面(法兰面)中心位置的距离,表现在法兰坐标系中的X、Y、Z值,如图1-40所示。

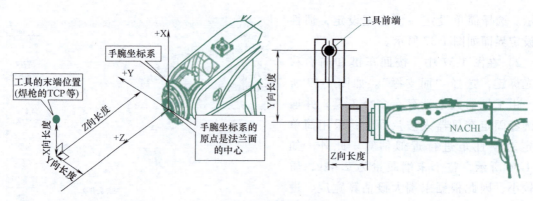

图 1-40 工具长度

2. 工具角度

工具角度（图 1-41）是指以工具前端（控制点）作为原点，工具沿着 X、Y、Z 轴的转动角度。工具角度被正确设定后，即使工具的姿态有改变，工具前后左右的方向也会一起变化，复杂的工件也可以进行简单示教，如图 1-42 所示。

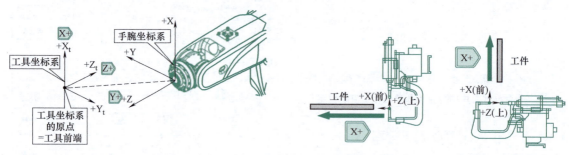

图 1-41 工具角度　　　　　图 1-42 焊枪 TCP 沿工件方向简单运动

（二）机器人上的附加负载

附加负载是指在基座、小臂或大臂上附加安装的附件，如供能系统、阀门、上料系统和材料储备装置。附加负载数据必须输入机器人控制系统，包括质量、物体重心等，附加负载数据的可能来源如下：生产厂商数据、人工计算和 CAD 程序。负载数据以不同的方式对机器人运动产生的影响有轨迹规划、加速度、节拍时间和磨损等，如果用错误的负载数据或不适当的负载来运行机器人，则会导致人员受伤和生命危险或导致严重的财产损失。对 NACHI MZ04-01 机器人而言，通常附加负载安装在第三轴上，应在图 1-34 中的工作负荷设定文本框中输入附加负载的重心和质量，然后进行工具重心与质量的设定。

六、知识拓展——工业机器人系统的组成和技术参数

1. 工业机器人系统的组成

工业机器人系统由机器人和作业对象及环境共同构成，其中包括机械系统、驱动系统、控制系统和感知系统四大部分，它们之间的关系如图 1-43 所示。

工业机器人系统是一个典型的机电一体化系统，其工作原理为：控制系统发出动作指

项目一　NACHI工业机器人手动操作

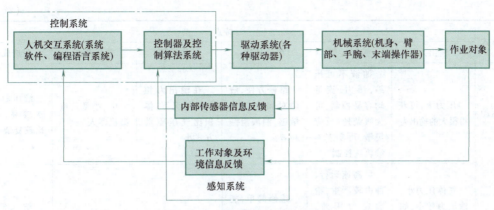

图1-43　工业机器人系统的组成

令,控制驱动系统工作,驱动系统带动机械系统运动,使末端操作器达到空间某一位置,实现某一姿态并实施一定的作业任务。末端操作器在空间的实时位姿由感知系统反馈给控制系统,控制系统把实际位姿与目标位姿相比较,发出下一个动作指令,如此循环,直至完成作业任务为止。

(1)机械系统　工业机器人机械系统包括机身、臂部、手腕、末端操作器和行走机构(不一定有),如图1-44所示。每一部分都有若干个自由度,构成一个多自由度机械系统。若基座具备行走机构,则构成行走机器人;若基座不具备行走及腰转机构,则构成单臂机器人。臂部一般是由上臂和下臂组成。末端操作器是直接装在手腕上的一个重要部件,可以是两手指或多手指的手爪,也可以是喷漆枪、焊枪等作业工具。

(2)驱动系统　驱动系统主要是指驱动机械系统动作的驱动装置。根据驱动源的不同,机器人常用的驱动方式有电气驱动、液压驱动和气压驱动三种基本类型,它们各自的特点见表1-12。目前,除了个别运动精度不高、重负载或者有防爆要求的机器人还采用液压、气压驱动外,大部分工业机器人都采用电气驱动,其中尤以交流伺服电动机驱动最多,且驱动器的布置大都采用一个关节配置一个驱动器的形式。

图1-44　工业机器人的机械系统

表1-12　三种驱动方式的特点

驱动方式	特点					
	输出力	控制性能	维修使用	结构体积	使用范围	制造成本
电气驱动	输出力较大或较小	容易与CPU连接,控制性能好,响应快,可精确定位,但控制系统复杂	维修使用较为复杂	需要减速装置,体积较小	高性能、运动轨迹要求严格的机器人	成本较高

（续）

驱动方式	特点					
	输出力	控制性能	维修使用	结构体积	使用范围	制造成本
液压驱动	压力大，可获得很大的输出力	油液不可压缩，压力、流量均容易控制，可无级调速，反应灵敏，可实现连续轨迹控制	维修方便，液体对温度变化敏感，油液泄漏易着火	在输出力相同的情况下，体积比气压驱动方式小	中、小型及重型机器人	液压原件成本较高，油路比较复杂
气压驱动	气体压力小，输出力较小，如果需要输出力大时，其结构尺寸过大	可高速运行，冲击较严重，精确定位困难。气体压缩性大，阻尼效果差，低速不易控制，不与CPU连接	维修简单，能在高温、粉尘等恶劣环境中使用，泄漏无影响	体积较大	中、小型机器人	结构简单，工作介质来源方便，成本低

（3）感知系统　感知系统由内部传感器和外部传感器组成，其作用是获取机器人内部和外部环境信息，并把这些信息反馈给控制系统。内部状态传感器用于检测各个关节的位置、速度等变量，为闭环伺服控制系统提供反馈信息。外部状态传感器用于检测机器人与周围环境之间的一些状态变量，如距离、接近程度和接触情况等，以方便机器人识别物体并做出处理。

（4）控制系统　控制系统依据机器人的作业指令程序以及传感器反馈信号，控制机器人执行机构，使其完成规定的运动和功能。控制系统包括人机交互装置和控制软件。人机交互装置是操作人员与机器人进行交互的装置（如示教盒），控制软件指控制算法。

2. 工业机器人技术参数

工业机器人技术参数是各工业机器人制造商在产品供货时提供的技术数据，也是工业机器人性能的主要表现，是设计、应用机器人必须考虑的问题。工业机器人的主要技术参数有自由度、精度、工作空间、最大工作速度和工作载荷等。

（1）自由度　机器人的自由度是指机器人所具有的独立坐标轴运动的数目，不包括末端操作器的开合自由度。机器人的一个自由度对应一个关节（允许机器人臂部各零件之间发生相对运动的机构），所以机器人的自由度数等于关节数。自由度是表征机器人动作灵活程度的参数，自由度越高越灵活。从运动学观点看，在完成某一特定作业时，具有多余自由度的机器人叫作冗余自由度机器人，冗余自由度增加了机器人的灵活性，但也增加了机械结构的复杂性和控制难度，所以，机器人的自由度要根据其用途设计，一般在3~6个之间。图1-45所示为PUMA560六自由度工业机器人。

（2）精度　工业机器人的精度包括定位精度和重复定位精度。定位精度是指机器人末端操作器的实际位置与目标位置之间的偏差，由机械误差、控制算法误差和系统分辨率等部分组成。重复定位精度是指在同一环境、同一条件、同一目标动作、同一命令之下，机器人连续重复运动若干次时其末端操作器到达同一目标位置的能力，是关于精度的统计数据（可以用标准偏差来表示）。重复定位精度不受工作载荷变化的影响，所以重复定位精度通常用作衡量示教/再现工业机器人性能的重要指标。

（3）工作空间　工作空间表示机器人的工作范围，是机器人运动时末端操作器或手腕

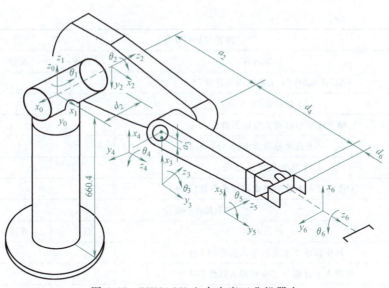

图 1-45 PUMA560 六自由度工业机器人

中心所能到达的所有点的集合,也称为工作区域。末端操作器的尺寸和形状多种多样,为了真实反映机器人的特征参数,工作空间是指不安装末端操作器的工作区域。工作范围大小不仅与机器人各连杆尺寸有关,还与机器人的总体结构形式有关。

工作空间的大小和形状十分重要,机器人在执行具体作业时可能会因存在末端操作器不能达到的作业死区而不能完成任务。

(4) 最大工作速度 速度是机器人运动特性的主要指标,机器人厂家不同,其所指的最大工作速度也不同。有的厂家指工业机器人主要自由度上的最大稳定速度,有的厂家指臂部末端的最大合成速度,通常都会在技术参数中加以说明。最大工作速度越快,工作效率越高;但是,工作速度越快,允许的极限加速度就越小,加减速时间越长或者对工业机器人最大加速率/最大减速率的要求越高。

(5) 工作载荷 工作载荷是指机器人在工作范围内的任何位姿上所能承受的最大重量,工作载荷能力不仅与负载重量有关,还与机器人运行速度和加速度的大小和方向有关。为了安全起见,工作载荷这一技术指标是指高速运行时机器人的承载能力。通常,载荷能力不仅指负载,还包括机器人末端控制器的重量。机器人有效负载的大小不仅受到驱动器功率的限制,还受到杆件材料极限应力的限制,所以它又与环境条件、运动参数有关。

七、评价反馈

评价表见表 1-13。

表 1-13 评价表

基本素养(30 分)				
序号	评估内容	自评	互评	师评
1	纪律(无迟到、早退、旷课)(10 分)			
2	安全规范操作(10 分)			
3	团结协作能力、沟通能力(10 分)			

(续)

理论知识(30分)				
序号	评估内容	自评	互评	师评
1	NACHI MZ04-01 工业机器人认知(5分)			
2	示教器认知(5分)			
3	轴坐标系和机器人坐标系含义(5分)			
4	工具坐标系含义(5分)			
5	工具常数含义(5分)			
6	工业机器人系统的组成和技术参数(5分)			
技能操作(40分)				
序号	评估内容	自评	互评	师评
1	轴坐标系下工业机器人操作(10分)			
2	机器人坐标系下工业机器人操作(10分)			
3	工具常数设定(20分)			
综合评价				

八、练习题

1．填空题

1）工具常数设定流程为_____、_____、_____、_____和_____。

2）工业机器人系统由_____系统、_____系统、_____系统和_____系统组成。

3）工业机器人的主要技术参数有_____、_____、_____、_____和_____。

4）旋转_____和_____开关后，NACHI MZ04 工业机器人进入示教模式。

2．操作题

1）改变手动速度（1~5），确认机器人的动作速度。

2）按下<INTERP>键，在轴坐标系、机器人坐标系和工具坐标系 3 种模式下，确认机器人的动作变化。

3）在机器人坐标系模式下按 RX±、RY±、RZ±键，观察在工具前端固定不动的状态下手臂的旋转姿态。

4）工具相对于安装面倾斜时，选择工具坐标系模式，按 X±、Y±、Z±键，观察工具的运动方向。

5）对图 1-1 所示机器人的末端吸盘进行工具常数设定。

项目二 NACHI工业机器人涂胶编程与操作

一、学习目标

1）了解工业机器人涂胶的基本知识。
2）掌握 NACHI 工业机器人的基本编程指令 LIN、JOINT 和 CIR。
3）掌握简单的应用命令 FN99、FN0、FN80 和 FN92。
4）理解程序修正方法和机器人运转方法。
5）能使用示教器进行工业机器人的基本操作和编程。
6）能安全启动工业机器人，并遵守安全操作规程进行机器人操作。
7）能根据涂胶任务（三角形、圆形、方形或六角形轨迹，W 轨迹轮廓）进行工业机器人的运动规划、工具坐标系测定、涂胶作业示教编程以及涂胶程序调试和自动运行。

二、工作任务

（一）任务描述

本项目利用 NACHI 工业机器人对图 2-1 所示涂胶作业仿真平台（W 轨迹轮廓、圆形轨迹轮廓和方形轨迹轮廓）进行涂胶作业仿真，机器人作业是控制工具笔（模拟胶枪），使之在涂胶过程中与图 2-1 所示的路径保持正确的角度和恒定的距离，并使工具笔运行路径与图 2-1 中的图形相同。

（二）所需设备和材料

NACHI 工业机器人涂胶工作站和工具笔如图 2-2 所示。

（三）技术要求

1）示教模式下，机器人的速度倍率通常不超过 3 档；自动模式下，机器人的速度倍率通常选用较低的速度。
2）机器人与周围任何物体不得有干涉。
3）示教器不得随意放置，不得跌落，以免损坏触摸屏。
4）不能损坏工具笔、涂胶仿真平台。
5）工具笔不能在仿真平台上有划痕。

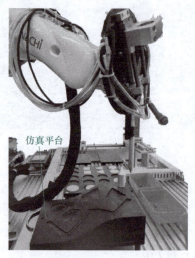

图 2-1 涂胶作业仿真平台

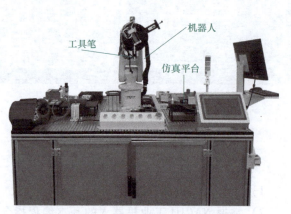

图 2-2 NACHI 工业机器人涂胶工作站和工具笔

三、知识储备

（一）ALLCLR、CALLP、REM 和 END 命令介绍

执行类程序分为使用<REC>键示教的移动命令和使用<FN>键记录的应用命令两种，在机器人语言程序中将这些命令统称为命令，如图 2-3 所示，移动命令/应用命令的格式如图 2-4 和图 2-5 所示。

除 3 个移动命令（MOVE、MOVEJ、MOVEX）外，其余命令都是应用命令。应用命令中具有"FN"开头的代码号码（移动命令中没有 FN 代码号码）。应用命令中按照应用及选配区分，种类超过 100 种，本项目只介绍 ALLCLR、CALLP、REM 和 END 命令。

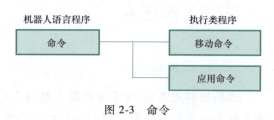

图 2-3 命令

图 2-4 执行类程序中移动命令/应用命令格式　　图 2-5 机器人语言程序中移动命令/应用命令格式

1. ALLCLR（输出信号的全部清除）

FN 码为 0，使用此应用命令时，会使通用输出信号（O1~O2048）全部 OFF，但是状态

信号（如焊枪信号或启动中信号等用途已预先分配的信号）则不可使其 OFF。状态信号是否已被分配，可用监视器界面加以识别。信号号码以斜体粗字表示的信号即是状态信号，除此之外的信号就可一起 OFF。

2. CALLP（程序调用）

FN 码为 80，使用此应用命令时可调用指定的程序。调用端程序若记录此命令，执行调用命令后立即会跳往被调用端的应用命令。被调用端程序的再生结束（END：执行终端命令后），即返回至原调用程序的调用命令的下一步骤。

如图 2-6 所示，在步骤 4 记录成 CALLP：程序调用（FN80），程序号码为 2。再生时，机器人在到达步骤 4 后，跳过步骤 5 和 6 而跳跃至程序 2 的最前面步骤。程序 2 的再生结束（END：执行终端命令）后，即返回至原调用程序 1 的调用命令的步骤 5。

机器人不会由于此命令而减速。若未指定定位，要在机器人到达刚才前一移动命令的精确度范围时，才会被执行

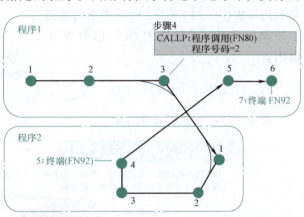

图 2-6 CALLP 动作示例

3. REM（在程序内叙述说明）

FN 码为 99，使用此应用命令就是在程序内叙述说明，利用软键盘（图 2-7）可输入英文字母、数字、记号、平假名、片假名和汉字（仅限日语规格），按回车键完成输入，按“确定”键完成全文说明。程序中步骤 0 的叙述说明一般以“程序名称”表述，使用快捷方式 R17 显示于程序一览表或界面上部的状态窗口。

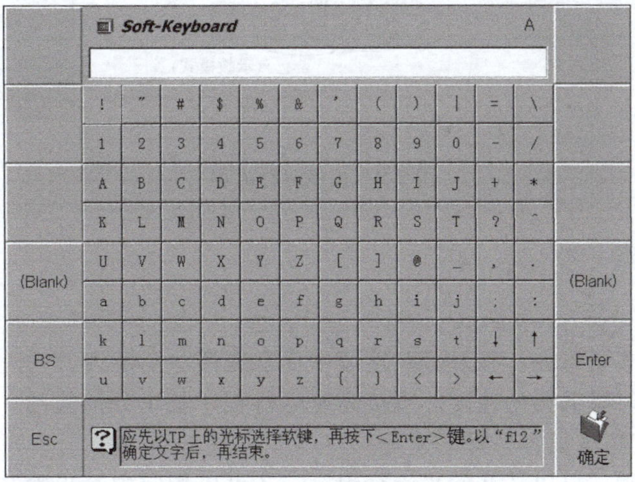

图 2-7 软键盘

4. END（结束程序的再生）

FN 码为 92，执行此应用命令，即结束程序的再生。若是 1 周期循环模式，即立即停止；若是连续模式，即回到程序的最前端而继续运行。程序必须至少有一个以上的 END，由于并不表示文件的最后端，在此功能之后记录步骤也可以，一个程序可以记录多个 END。

如图 2-8 所示，在步骤 4 记录成 END：终端（FN92）。以 1 周期循环模式再生时，机器人停止于步骤 4，成为程序终端状态，而输出"程序终端"信号。立即再次启动，即回到最前端步骤。但是，此程序若是调用端程序，则 END 之后不停止而返回至原调用程序，"程序终端"信号并不输出。

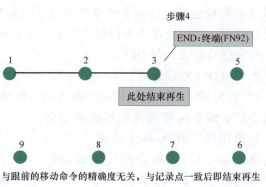

图 2-8 END 示例

（二）程序运行流程

程序运行流程如图 2-9 所示。

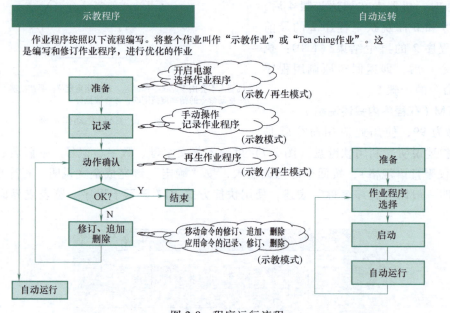

图 2-9 程序运行流程

（三）再生运行

1. 再生步骤

1）选择运转模式。可在步骤/周期/连续中任意选择一个模式。

2）在速度超越时降低再生速度。直接高速运行程序是十分危险的，开始时应充分降低再生速度。使用速度超越很容易降低速度。

3）指定开始步骤。可以从开始步运行程序，还可以指定中途步骤并从此步骤开始运行程序（不能从应用命令开始运行）。

4）启动程序。先确认当前机器人的位置和周围设备，开始再生运转。做好随时按急停按钮的准备，当机器人发生异常动作时，立即停止程序的运行。

5）逐渐加快再生速度。如果立刻加快速度，会发生电缆晃动等事故，因此应逐渐调整速度超越率。如果发生异常，返回示教模式修正程序。需要反复进行上述操作，将速度超越率达到100%后结束作业。

6）程序保护、启动方式（内部和外部）等设定，实施自动运转的准备和设定。

2. 再生运行的三种运行模式

再生运行包括三种运转模式，见表2-1。再生前选择其中一种模式，也可以在再生过程中切换模式。正式运行（实际生产）时，可选择"周期"或"连续"。确认示教内容或实施自动运行的试运行时选择"步骤"。

表 2-1　三种运转模式

运转模式	显示	内容
步骤	1s	按住<ENABLE>键和<GO>键期间，执行1步作业程序，释放按键后停止。需向下一步移动时，再次按下再生开始键
1周期	Cy	按住<ENABLE>键和<GO>键1次，系统将从头到尾执行作业程序1次。到达最后步（结束命令FN92）停止。要再次运行程序时，重复上述步骤
连续	Co	按住<ENABLE>键和<GO>键1次，作业程序将反复执行。需要停止时，按<ENABLE>键和<STOP>键

3. 速度超越

首先充分降低再生速度，然后在进行安全确认的同时逐渐提高速度。需要改变再生速度时利用"速度超越"，用"%"调整程序整体速度。速度超越示例见表2-2。

表 2-2　速度超越示例

记录速度	设定速度超越后的速度	
	100%	50%
1000mm/s	1000mm/s	500mm/s
50%	50%	25%

4. 启动方式

启动方式包括内部启动方式和外部启动方式，见表2-3。

表 2-3　启动方式

启动方式	内容
内部	这些在出厂时已设定，为单独使用本控制装置时的启动方式 1）通过悬式示教作业操纵按钮台执行"运转准备ON""启动"和"程序选择" 2）启动时通过悬式示教作业操纵按钮台选择步骤 通过TP输入 • 运转准备ON • 程序选择 • 启动

（续）

启动方式	内容
外部 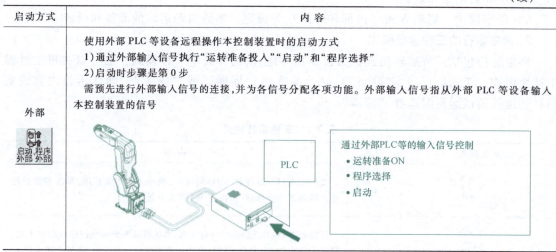	使用外部 PLC 等设备远程操作本控制装置时的启动方式 1）通过外部输入信号执行"运转准备投入""启动"和"程序选择" 2）启动时步骤是第 0 步 需预先进行外部输入信号的连接，并为各信号分配各项功能。外部输入信号指从外部 PLC 等设备输入本控制装置的信号

5. 再生时的开始步骤指定（内部启动方式）

采用内部启动方式时，可以通过悬式示教作业操纵按钮台自由指定需开始再生的步骤。步骤指定的注意事项如下：

1）在已选择作业程序的状态下，作业程序的开头将被指定，即进入指定第 0 步骤的状态。

2）中途停止后并重启时，从此步骤开始执行程序。

3）中途停止程序之后，也可以选择其他步骤。

4）选择 0 以外的步骤开始再生时，机器人将以 250mm/s 以下的速度从当前位置移动到指定的开始步骤。从下一步开始速度的限制将失效，该动作用于避免因步骤选择错误而导致干涉等意外的发生。指定开始步骤时，系统将使用常规速度。

5）在出厂状态下，选择应用命令的步骤无法再生。

注意：如果步骤选择错误，机器人异常运动并发生与周围装置碰撞等事故时，应充分确定步骤之后再行操作。实施外部启动方式时，不能在再生开始之前指定步骤，应从第 0 步骤开始再生。

四、实践操作

（一）W 轨迹涂胶

1. 运动规划和程序流程的制订

要完成涂胶的示教编程，首先要进行运动规划，即要进行任务规划、动作规划和路径规划。

（1）任务规划　本任务是对仿真平台上 W 形边沿进行涂胶仿真，因此机器人只有涂胶运动一个任务。

（2）动作规划　每一个任务分解为机器人的一系列动作，涂胶运动可以进一步分解为回原点、移到涂胶起始点上方安全点、轨迹涂胶、移到涂胶结束点（与起始点重合）上方安全点以及退回原点。

(3) 路径规划 将每一个动作分解为机器人 TCP 运动轨迹，考虑到机器人姿态以及机器人与周围设备的干涉，每一个动作需要对应有一个或多个点来形成运动轨迹，如回原点对应 HOME 点。如图 2-10 所示，路径依次为机器人从 HOME 点（图中未标出）移动到安全点 P1，从 P1 点移动到 P2 点，从 P2 点直线运动到 P3 点，从 P3 点圆弧运动到 P4 点，从 P4 点圆弧运动到 P5 点，……，从 P25 点直线运动到 P26 点，从 P26 点移动到 P27 点，再回到机器人 HOME 点。

2. 程序流程

工业机器人涂胶程序流程如图 2-11 所示。

图 2-10　机器人轨迹规划

图 2-11　程序流程

（二）示教前的准备

1. 参数设置（包含坐标模式、运动模式、速度）

项目一介绍了 NACHI 工业机器人的三种坐标模式：轴坐标、机器人坐标和工具坐标。选定轴坐标模式，可以手动控制机器人各轴单独运动；选定机器人坐标模式和工具坐标模式，可以手动控制机器人在相应坐标系下运动。

项目一还介绍了手动操作时手动速度/检查速度的设定方法，为安全起见，通常选用较低档速度。

在示教过程中，需要在一定的坐标模式和操作速度下手动控制机器人达到一定的位置，因此在示教运动指令前，必须选定好坐标模式和速度。

2. 工具坐标系测量

本项目是以工具笔为模拟胶枪，笔尖 TCP 见项目一。

（三）新建程序

程序是机器人执行某种任务而设置的动作顺序的描述，保存了机器人沿指定轨迹运动所需的指令和数据。

在示教模式下，按<ENABLE>键和<PROG>键或者单击触摸屏上的"程序"，在调用程序栏输入一个新程序号，按回车键新建一个空程序"10"，如图2-12所示。

（四）示教编程

1）按<R>键，输入"314"，按回车键；输入"12345"，按回车键，进入专家模式。手动操作机器人回原点，如图1-26所示，按<O.W/REC>键，添加JOINT指令，按编辑键对指令参数进行修改，单击"写入"，完成机器人回原点示教，如图2-13所示。

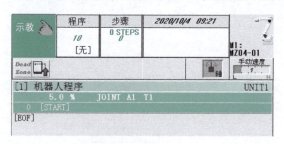 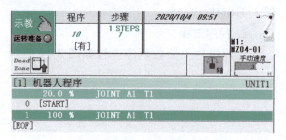

图2-12　新建文件　　　　　　　　　　图2-13　添加回原点指令

2）手动操作机器人到安全点（P1点），如图2-14所示。按<O.W/REC>键，添加JOINT指令完成P1点示教，如图2-15所示。

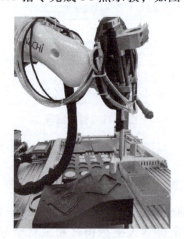

图2-14　到安全点（P1点）　　　　　图2-15　安全点（P1点）指令添加

3）手动操作机器人到P2点，如图2-16所示。按<O.W/REC>键，添加JOINT指令，按编辑键将JOINT指令修改为LIN指令，单击"写入"，完成P2点示教，如图2-17所示。

4）手动操作机器人到P3点，如图2-18所示。按<O.W/REC>键，添加JOINT指令，按编辑键将JOINT指令修改为LIN指令，单击"写入"，完成P3点示教，如图2-19所示。

5）手动操作机器人移动到P4点，如图2-20所示，按<O.W/REC>键，添加JOINT指令，按编辑键将JOINT指令修改为CIR1指令，速度修改为100mm/s，完成圆弧中点指定，单击"写入"，完成P4点示教，如图2-21所示。

6）手动操作机器人移动到P5点，如图2-22所示。按<O.W/REC>键，添加JOINT指令，按编辑键将JOINT指令修改为CIR2指令，完成圆弧终点指定，单击"写入"，完成P5点示教，如图2-23所示。

项目二 NACHI工业机器人涂胶编程与操作

图 2-16 到 P2 点

```
[1] 机器人程序
        100 %      JOINT A1 T1
  0  [START]
  1   100 %        JOINT A1 T1
  2   100 %        JOINT A1 T1
  3   100 mm/s     LIN   A1 T1
[EOF]
```

图 2-17 P2 点指令添加

图 2-18 到 P3 点

```
[1] 机器人程序
        100 %      JOINT A1 T1
  0  [START]
  1   100 %        JOINT A1 T1
  2   100 %        JOINT A1 T1
  3   100 mm/s     LIN   A1 T1
  4   100 mm/s     LIN   A1 T1
[EOF]
```

图 2-19 P3 点指令添加

图 2-20 到 P4 点

```
[1] 机器人程序
        100 %      JOINT A1 T1
  0  [START]
  1   100 %        JOINT A1 T1
  2   100 %        JOINT A1 T1
  3   100 mm/s     LIN   A1 T1
  4   100 mm/s     LIN   A1 T1
  5   100 mm/s     CIR1  A1 T1
[EOF]
```

图 2-21 P4 点指令添加

图 2-22 到 P5 点

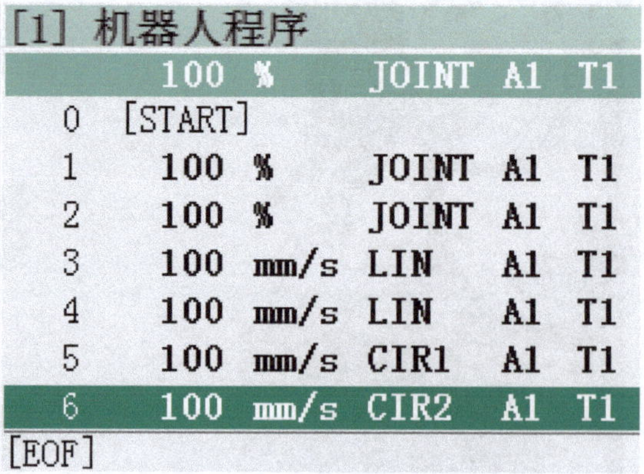

图 2-23 P5 点指令添加

7）手动操作机器人移动到 P6 点，如图 2-24 所示。按<O.W/REC>键，添加 JOINT 指令，按编辑键将 JOINT 指令修改为 CIR1 指令，完成圆弧中点指定，单击"写入"，完成 P6 点示教，如图 2-25 所示。

图 2-24 到 P6 点

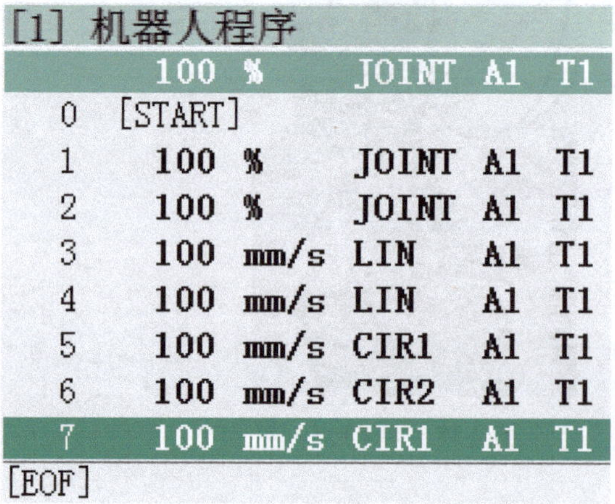

图 2-25 P6 点指令添加

8）手动操作机器人移动到 P7 点，如图 2-26 所示。按<O.W/REC>键，添加 JOINT 指令，按编辑键将 JOINT 指令修改为 CIR2 指令，完成圆弧终点指定，单击"写入"，完成 P7 点示教，如图 2-27 所示。

9）手动操作机器人移动到 P8 点，如图 2-28 所示。按<O.W/REC>键，添加 JOINT 指令，按编辑键将 JOINT 指令修改为 LIN 指令，单击"写入"，完成 P8 点示教，如图 2-29 所示。

10）手动操作机器人移动到 P9 点，如图 2-30 所示。按<O.W/REC>键，添加 JOINT 指令，按编辑键将 JOINT 指令修改为 CIR1 指令，完成圆弧中点指定，单击"写入"，完成 P9 点示教，如图 2-31 所示。

11）手动操作机器人移动到 P10 点，如图 2-32 所示。按<O.W/REC>键，添加 JOINT 指令，按编辑键将 JOINT 指令修改为 CIR2 指令，完成圆弧终点指定，单击"写入"，完成 P10 点示教，如图 2-33 所示。

项目二 NACHI工业机器人涂胶编程与操作

图 2-26　到 P7 点

```
            100 %        JOINT A1  T1
0  [START]
1   100   %     JOINT   A1  T1
2   100   %     JOINT   A1  T1
3   100  mm/s   LIN     A1  T1
4   100  mm/s   LIN     A1  T1
5   100  mm/s   CIR1    A1  T1
6   100  mm/s   CIR2    A1  T1
7   100  mm/s   CIR1    A1  T1
8   100  mm/s   CIR2    A1  T1
[EOF]
```

图 2-27　P7 点指令添加

图 2-28　到 P8 点

```
[1] 机器人程序
            100 %        JOINT A1  T1
0  [START]
1   100   %     JOINT   A1  T1
2   100   %     JOINT   A1  T1
3   100  mm/s   LIN     A1  T1
4   100  mm/s   LIN     A1  T1
5   100  mm/s   CIR1    A1  T1
6   100  mm/s   CIR2    A1  T1
7   100  mm/s   CIR1    A1  T1
8   100  mm/s   CIR2    A1  T1
9   100  mm/s   LIN     A1  T1
[EOF]
```

图 2-29　P8 点指令添加

图 2-30　到 P9 点

```
[1] 机器人程序
            100 %        JOINT A1  T1
0  [START]
1   100   %     JOINT   A1  T1
2   100   %     JOINT   A1  T1
3   100  mm/s   LIN     A1  T1
4   100  mm/s   LIN     A1  T1
5   100  mm/s   CIR1    A1  T1
6   100  mm/s   CIR2    A1  T1
7   100  mm/s   CIR1    A1  T1
8   100  mm/s   CIR2    A1  T1
9   100  mm/s   LIN     A1  T1
10  100  mm/s   CIR1    A1  T1
[EOF]
```

图 2-31　P9 点指令添加

图 2-32 到 P10 点

[1] 机器人程序			
	100 %	JOINT A1	T1
0	[START]		
1	100 %	JOINT A1	T1
2	100 %	JOINT A1	T1
3	100 mm/s	LIN A1	T1
4	100 mm/s	LIN A1	T1
5	100 mm/s	CIR1 A1	T1
6	100 mm/s	CIR2 A1	T1
7	100 mm/s	CIR1 A1	T1
8	100 mm/s	CIR2 A1	T1
9	100 mm/s	LIN A1	T1
10	100 mm/s	CIR1 A1	T1
11	100 mm/s	CIR2 A1	T1
[EOF]			

图 2-33 P10 点指令添加

12）手动操作机器人移动到 P11 点，如图 2-34 所示。按<O.W/REC>键，添加 JOINT 指令，按编辑键将 JOINT 指令修改为 CIR1 指令，完成圆弧中点指定，单击"写入"，完成 P11 点示教，如图 2-35 所示。

图 2-34 到 P11 点

	100 %	JOINT A1	T1
0	[START]		
1	100 %	JOINT A1	T1
2	100 %	JOINT A1	T1
3	100 mm/s	LIN A1	T1
4	100 mm/s	LIN A1	T1
5	100 mm/s	CIR1 A1	T1
6	100 mm/s	CIR2 A1	T1
7	100 mm/s	CIR1 A1	T1
8	100 mm/s	CIR2 A1	T1
9	100 mm/s	LIN A1	T1
10	100 mm/s	CIR1 A1	T1
11	100 mm/s	CIR2 A1	T1
12	100 mm/s	CIR1 A1	T1
[EOF]			

图 2-35 P11 点指令添加

13）手动操作机器人移动到 P12 点，如图 2-36 所示。按<O.W/REC>键，添加 JOINT 指令，按编辑键将 JOINT 指令修改为 CIR2 指令，完成圆弧终点指定，单击"写入"，完成 P12 点示教，如图 2-37 所示。

14）手动操作机器人移动到 P13 点，如图 2-38 所示。按<O.W/REC>键，添加 JOINT 指令，按编辑键将 JOINT 指令修改为 LIN 指令，单击"写入"，完成 P13 点示教，如图 2-39 所示。

15）手动操作机器人移动到 P14 点，如图 2-40 所示。按<O.W/REC>键，添加 JOINT 指令，按编辑键将 JOINT 指令修改为 LIN 指令，单击"写入"，完成 P14 点示教，如图 2-41 所示。

16）参照以上步骤完成 W 轨迹 P15 点至 P26 点（P2 点）示教，经 P27 点（P1 点）和回原点示教后，完成机器人 W 轨迹涂胶示教。

项目二 NACHI工业机器人涂胶编程与操作

图 2-36 到 P12 点

```
0   [START]
1   100  %     JOINT  A1  T1
2   100  %     JOINT  A1  T1
3   100  mm/s  LIN    A1  T1
4   100  mm/s  LIN    A1  T1
5   100  mm/s  CIR1   A1  T1
6   100  mm/s  CIR2   A1  T1
7   100  mm/s  CIR1   A1  T1
8   100  mm/s  CIR2   A1  T1
9   100  mm/s  LIN    A1  T1
10  100  mm/s  CIR1   A1  T1
11  100  mm/s  CIR2   A1  T1
12  100  mm/s  CIR1   A1  T1
13  100  mm/s  CIR2   A1  T1
[EOF]
```

图 2-37 P12 点指令添加

图 2-38 到 P13 点

```
1   100  %     JOINT  A1  T1
2   100  %     JOINT  A1  T1
3   100  mm/s  LIN    A1  T1
4   100  mm/s  LIN    A1  T1
5   100  mm/s  CIR1   A1  T1
6   100  mm/s  CIR2   A1  T1
7   100  mm/s  CIR1   A1  T1
8   100  mm/s  CIR2   A1  T1
9   100  mm/s  LIN    A1  T1
10  100  mm/s  CIR1   A1  T1
11  100  mm/s  CIR2   A1  T1
12  100  mm/s  CIR1   A1  T1
13  100  mm/s  CIR2   A1  T1
14  100  mm/s  LIN    A1  T1
[EOF]
```

图 2-39 P13 点指令添加

图 2-40 到 P14 点

```
2   100  %     JOINT  A1  T1
3   100  mm/s  LIN    A1  T1
4   100  mm/s  LIN    A1  T1
5   100  mm/s  CIR1   A1  T1
6   100  mm/s  CIR2   A1  T1
7   100  mm/s  CIR1   A1  T1
8   100  mm/s  CIR2   A1  T1
9   100  mm/s  LIN    A1  T1
10  100  mm/s  CIR1   A1  T1
11  100  mm/s  CIR2   A1  T1
12  100  mm/s  CIR1   A1  T1
13  100  mm/s  CIR2   A1  T1
14  100  mm/s  LIN    A1  T1
15  100  mm/s  LIN    A1  T1
[EOF]
```

图 2-41 P14 点指令添加

示教完成之后，参考程序如图 2-42 所示。

[1] 机器人程序				
	100	%	JOINT A1	T1
0	[START]			
1	100	%	JOINT A1	T1
2	100	%	JOINT A1	T1
3	100	mm/s	LIN A1	T1
4	100	mm/s	LIN A1	T1
5	100	mm/s	CIR1 A1	T1
6	100	mm/s	CIR2 A1	T1
7	100	mm/s	CIR1 A1	T1
8	100	mm/s	CIR2 A1	T1
9	100	mm/s	LIN A1	T1
10	100	mm/s	CIR1 A1	T1
11	100	mm/s	CIR2 A1	T1
12	100	mm/s	CIR1 A1	T1
13	100	mm/s	CIR2 A1	T1
14	100	mm/s	LIN A1	T1
15	100	mm/s	LIN A1	T1
16	100	mm/s	LIN A1	T1
17	100	mm/s	CIR1 A1	T1
18	100	mm/s	CIR2 A1	T1
19	100	mm/s	LIN A1	T1
20	100	mm/s	CIR1 A1	T1
21	100	mm/s	CIR2 A1	T1
22	100	mm/s	CIR1 A1	T1
23	100	mm/s	CIR2 A1	T1
24	100	mm/s	CIR1 A1	T1
25	100	mm/s	CIR2 A1	T1
26	100	mm/s	LIN A1	T1
27	100	mm/s	LIN A1	T1
28	100	mm/s	LIN A1	T1
29	100	%	JOINT A1	T1
30	END			
「EOF」				

图 2-42 参考程序

（五）涂胶程序运行

1. 手动运行程序

按<PROG/STEP>键或单击示教界面上的"步骤"，在"调用步骤"栏输入"0"，按回车键，光标返回到程序的第 0 行。按<ENABLE>键和<CHK.SPD/TCH.SPD>键，设置检查速度为 3 档。按<ENABLE>键和<MOTOR ON>键给机器人上电（尚未启动），同时按<ENABLE>键和<GO>键启动机器人手动运行，观察机器人的运行轨迹，注意运行速度以及机器人与仿真平台的干涉，并进一步调整工具笔尖端高度和机器人姿态。

2. 自动运行程序

手动运行程序测试无误后，方可进行程序自动运行。

1）按<PROG/STEP>键或示教界面上的"步骤"，在"调用步骤"栏输入"0"，按回车键，光标返回到程序的第 0 行。

2）单击示教界面右上角"示教、再生条件"，在如图 2-43 所示的界面中将光标移至启动选择栏，按<ENABLE>键和向左方向键选择"内部"，单击"写入"，可以实现机器人的内部启动。

3）将示教器上模式转换开关转至再生模式，将示教界面右下角"超越"调整为 10%，将控制柜上的模式转换开关转至再生模式，此时示教界面左侧显示"启动内部、程序内部"，同时按<EN-ABLE>键、<SHIFT>键和<GO>键启动机器人，机器人将自行完成涂胶任务。

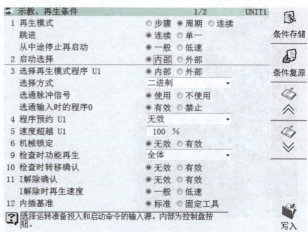

图 2-43 示教、再生条件界面

（六）圆形轨迹涂胶

1. 圆形轮廓轨迹规划

圆形轮廓轨迹如图 2-44 所示。将 P2 点设置为轮廓起始点，P6 点设置为轮廓终点（P2 和 P6 点重合），P3~P5 点设置为轮廓中间点，在 P2 点上方区域找到合适的点 P1（P7）作为安全点。路径依次为从机器人 HOME 点移动到安全点 P1，P1→P2→P3→P4→P5→P6（P2）→P7（P1），最后从 P7 点回到机器人 HOME 点。

2. 圆形轮廓示教编程

1）在示教模式下，按<ENABLE>键和<PROG>键或者单击触摸屏上的"程序"，在调用程序栏输入一个新程序号，按回车键新建一个空程序"11"。手动操作机器人回"原点"，如图 1-26 所示，按<O.W/REC>键，添加 JOINT 指令，按编辑键对指令参数进行修改，单击"写入"，完成机器人回"原点"示教，如图 2-45 所示。

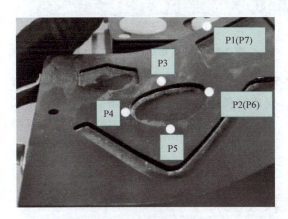

图 2-44 圆形轮廓轨迹

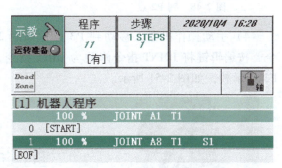

图 2-45 回"原点"指令添加

2）手动操作机器人到安全点（P1 点），如图 2-46 所示，按<O.W/REC>键，添加 JOINT 指令完成 P1 点示教，如图 2-47 所示。

图 2-46 到 P1 点

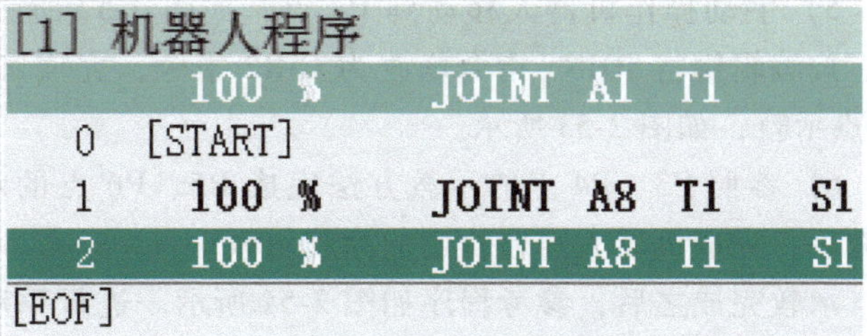

图 2-47 P1 点指令添加

3)手动操作机器人移动到 P2 点,如图 2-48 所示。按<O.W/REC>键,添加 JOINT 指令,按编辑键将 JOINT 指令修改为 LIN 指令,单击"写入",完成 P2 点示教,如图 2-49 所示。

图 2-48　到 P2 点　　　　　　　　图 2-49　P2 点指令添加

4)手动操作机器人移动到 P3 点,如图 2-50 所示。按<O.W/REC>键,添加 JOINT 指令,按编辑键将 JOINT 指令修改为 CIR1 指令,完成圆弧中点的指定,单击"写入",完成 P3 点示教,如图 2-51 所示。

图 2-50　到 P3 点　　　　　　　　图 2-51　P3 点指令添加

5)手动操作机器人移动到 P4 点,如图 2-52 所示。按<O.W/REC>键,添加 JOINT 指令,按编辑键将 JOINT 指令修改为 CIR2 指令,完成圆弧终点的指定,单击"写入",完成 P4 点示教,如图 2-53 所示。

6)参照 P3、P4 点的示教方法完成 P5、P6 点的示教,并经 P7 点(P1 点)和回原点示教后,完成机器人圆形轨迹的涂胶示教。

示教完成之后,参考程序如图 2-54 所示。进行手动运行程序,观察机器人的运行轨迹,注意运行速度以及机器人与仿真平台的干涉,并进一步调整工具笔尖端高度和机器人姿态,确保机器人运行正确。

项目二 NACHI工业机器人涂胶编程与操作

图2-52 到P4点

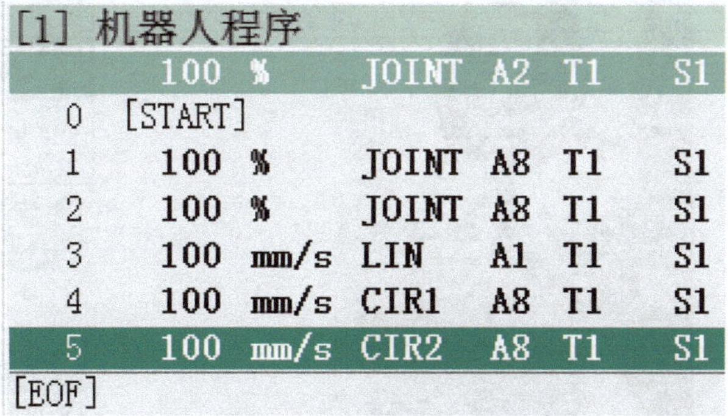

图2-53 P4点指令添加

（七）方形轨迹涂胶

1. 方形轮廓轨迹规划

如图2-55所示，将P2点设为起始点，P8点（与P2点重合）设为终点，路径是从机器人HOME点移动到轮廓起始点的安全点P1（P2点上方），轨迹路线为：HOME→P1→P2→P3→P4→P5→P6→P7→P8（P2）→P9（P1）→HOME。

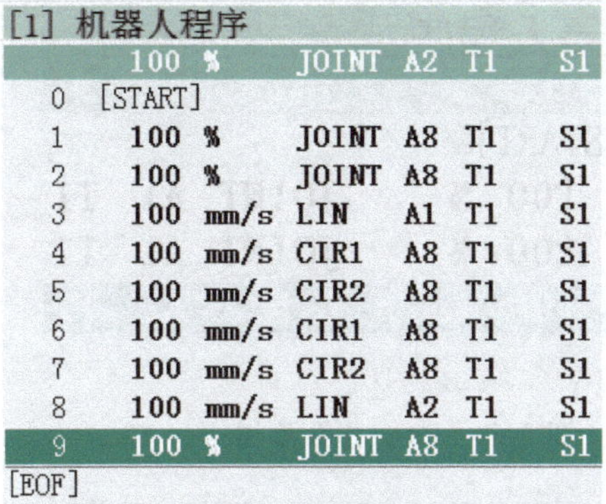

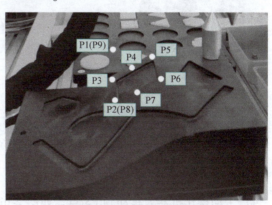

图2-54 参考程序

图2-55 方形轮廓轨迹

2. 方形轮廓示教编程

1）在示教模式下，按<ENABLE>键和<PROG>键或者单击触摸屏上的"程序"，在调用程序栏输入一个新程序号，按回车键新建一个空程序"12"，手动操作机器人回原点，如图1-26所示，按<O.W/REC>键，添加JOINT指令，按编辑键对指令参数进行修改，单击"写入"，完成机器人回原点示教，如图2-56所示。

2）手动操作机器人到安全点（P1点），如图2-57所示，按<O.W/REC>键，添加JOINT指令完成P1点示教，如图2-58所示。

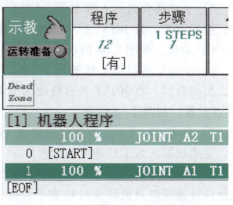

图2-56 回"原点"指令添加

图 2-57 到 P1 点

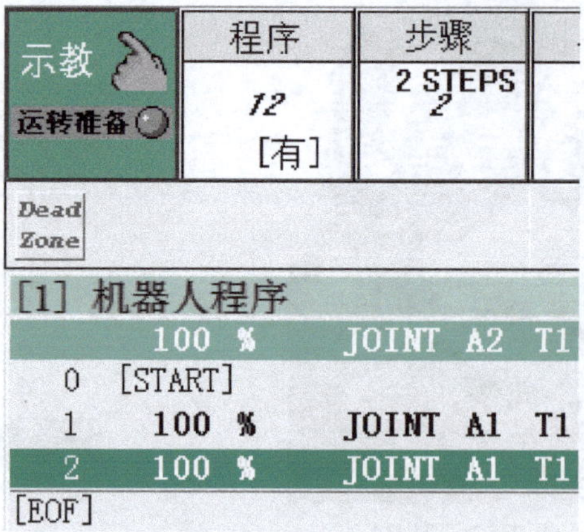

图 2-58 P1 点指令添加

3）手动操作机器人移动到 P2 点，如图 2-59 所示。按<O.W/REC>键，添加 JOINT 指令，按编辑键，将 JOINT 指令修改为 LIN 指令，单击"写入"，完成 P2 点示教，如图 2-60 所示。

图 2-59 到 P2 点

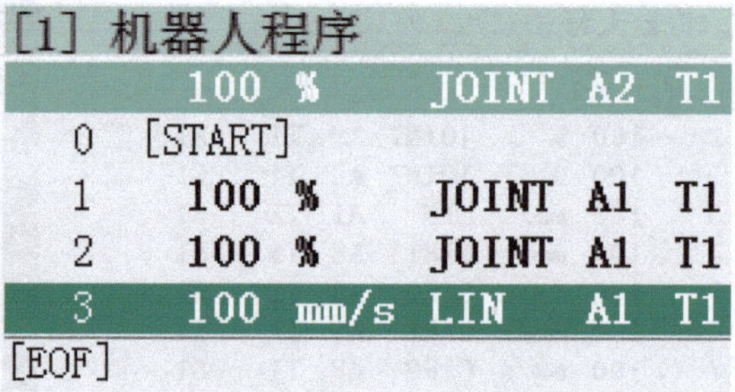

图 2-60 P2 点指令添加

4）手动操作机器人移动到 P3 点，如图 2-61 所示。按<O.W/REC>键，添加 JOINT 指令，按编辑键，将 JOINT 指令修改为 LIN 指令，单击"写入"，完成 P3 点示教，如图 2-62 所示。

5）手动操作机器人移动到 P4 点，如图 2-63 所示。按<O.W/REC>键，添加 JOINT 指令，按编辑键，将 JOINT 指令修改为 CIR1 指令，完成圆弧中点的指定，单击"写入"，完成 P4 点示教，如图 2-64 所示。

6）手动操作机器人移动到 P5 点，如图 2-65 所示。按<O.W/REC>键，添加 JOINT 指令，按编辑键，将 JOINT 指令修改为 CIR2 指令，完成圆弧终点指定，单击"写入"，完成 P5 点示教，如图 2-66 所示。

7）参考 P3~P5 点示教方法完成 P6~P8 点示教，并经 P9 点（P1 点）和回原点示教后，完成机器人方形轨迹涂胶示教。

示教完成之后，参考程序如图 2-67 所示。进行手动运行程序，观察机器人的运行轨迹，注意运行速度以及机器人与仿真平台的干涉，并进一步调整工具笔尖端高度和机器人的姿态，确保机器人运行正确。

项目二 NACHI工业机器人涂胶编程与操作

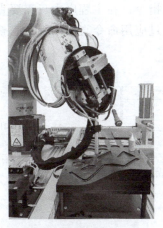

图 2-61　到 P3 点

```
[1] 机器人程序
       100 %        JOINT  A2  T1
  0  [START]
  1    100 %        JOINT  A1  T1
  2    100 %        JOINT  A1  T1
  3    100 mm/s     LIN    A1  T1
  4    100 mm/s     LIN    A1  T1
[EOF]
```

图 2-62　P3 点指令添加

图 2-63　到 P4 点

```
[1] 机器人程序
       100 %        JOINT  A2  T1
  0  [START]
  1    100 %        JOINT  A1  T1
  2    100 %        JOINT  A1  T1
  3    100 mm/s     LIN    A1  T1
  4    100 mm/s     LIN    A1  T1
  5    100 mm/s     CIR1   A1  T1
[EOF]
```

图 2-64　P4 点指令添加

图 2-65　到 P5 点

```
[1] 机器人程序
       100 %        JOINT  A2  T1
  0  [START]
  1    100 %        JOINT  A1  T1
  2    100 %        JOINT  A1  T1
  3    100 mm/s     LIN    A1  T1
  4    100 mm/s     LIN    A1  T1
  5    100 mm/s     CIR1   A1  T1
  6    100 mm/s     CIR2   A1  T1
[EOF]
```

图 2-66　P5 点指令添加

（八）主程序调用子程序

创建一个主程序 13，调用 W 轨迹、圆形轨迹和方形轨迹程序，实现三种形状轨迹的连续涂胶。由于这三个程序已经手动调试成功，并都有回原点指令，在主程序中只需要直接调用即可。在调用子程序之前，首先进行输出信号清零，并通过应用命令直接编程，完整的主程序如图2-68所示。

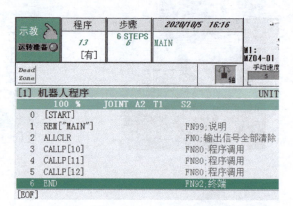

图 2-67　参考程序　　　　　　　　　　　图 2-68　主程序

五、问题探究

（一）程序修正

对作业程序记录的命令进行修正，修正方法见表2-4。

表 2-4　程序修正方法

修正内容		操作方法
移动命令修正	仅修正位置	按<ENABLE>键+位置修正键
	仅修正速度	按<CHK.SPD/TCH.SPD>键
	仅修正精度	按<ACC>键
	全部修正（移动命令的写入）	按<ENABLE>键+<O.W/REC>键，由于内插种类或工具号码等，无法个别修正，因此需要使用这种方法
	追加移动命令	按<ENABLE>键+<INS>键
	追加应用命令	以与新示教相同的方法，自动被追加。追加位置为与移动命令相同的位置
	删除移动、应用命令	按<ENABLE>键+<DEL>键
	以屏幕编辑功能修正	按编辑键，修正应用命令的参数

（二）机器人运转方法

通常运转机器人时，不使用悬式示教作业操作按钮台，而是采用来自外部的输入信号。从悬式示教作业按钮台进行所有操作的方法，称为内部运转；采用来自外部信号进行操作的方法，通常称为外部运转。

1. 内部运转

启动、程序选择和停止等与运转相关的一连串命令均通过控制装置的操作面板、操作箱或悬式示教作业操纵按钮台来执行。出厂时已设定为内部运转的状态。

2. 外部运转

从高位控制器或操作者手边操作台等外部装置输入启动、程序选择和停止等有关运转的一系列命令。如果悬式示教作业操作按钮台和外部输入信号任何一方都可以启动,则非常危险。所以启动、程序选择等命令只可以选择其中一种;停止、紧急等操作所需要的安全命令可以接受来自任何一种。启动命令可由内部(即悬式示教作业操纵按钮台操作)或外部(即输入信号)执行,程序选择亦如此。

3. 设定启动选择、程序选择的模式

1)选择示教、再生模式均可。

2)单击"示教、再生条件",出现图 2-43 所示的示教、再生条件设定界面。

3)把光标对准"启动选择",按<ENABLE>键+左右光标键,切换单选按钮(横列的选择按钮)。

4)同样地,把光标对准"选择再生模式程序",按<ENABLE>键+左右光标键,切换单选按钮(横列的选择按钮)。示教模式不能以外部输入信号选择程序,程序选择"外部"是限于再生模式的设定。

5)设定结束后,单击"写入",设定内容会存储在文件中,即使电源为断电状态仍会存储。

6)将<启动内部、程序内部>键和<ENABLE>键同时按下,每按一次,启动选择和程序选择的内部/外部会同步切换,在同一状态使用启动选择和程序选择的设定时很方便。使用此键时不必单击"写入"。

4. 外部程序选择的指定方法

1)在图 2-43 所示的界面中,把光标对准"选择方式"。程序选择位(16 条信号线)的读入方法有三种:"二进制""分离"和"BCD"(二进码数据)。

2)按回车键选择表 2-5 所示方法中的一种。

信号 1~16 是 16 条程序选择位输入信号的号码。

表 2-5 外部程序的选择方法

\multicolumn{2}{c	}{外部程序的选择方法}
二进制	这种方法把信号作为二进制读取。例如,如果第 3 位和第 5 位为 ON,则选择程序号码 20(2^2 + 2^4 = 4+16)
分离	这种方法把信号 ON 的位号码直接作为程序号码使用。所以只能选择 1~16 号。同时有两个以上的输入时,会选择较小的号码
BCD	这种方法把信号作为 BCD 码读取。例如,如果第 3 位和第 5 位为 ON,1 的位为 2^2 = 4,10 的位为 2^1 = 2,因此会选择第 24 号程序

	\multicolumn{16}{c	}{程序选择位 U1}
信号二进制分离 BCD	16	15	14	13	12	11	10	9	8	7	6	5	4	3	2	1
	2^{15}	2^{14}	2^{13}	2^{12}	2^{11}	2^{10}	2^9	2^8	2^7	2^6	2^5	2^4	2^3	2^2	2^1	2^0
	16	15	14	13	12	11	10	9	8	7	6	5	4	3	2	1
	\multicolumn{4}{c	}{1000 之位}	\multicolumn{4}{c	}{100 之位}	\multicolumn{4}{c	}{10 之位}	\multicolumn{4}{c	}{1 之位}

3)"选择方式"为"二进制"或"BCD"时会读入复数的信号线,因此通常会使用程序选通脉冲信号,以便决定读入时序。表2-6为不使用程序选通脉冲信号的特殊方法。

表2-6 不使用程序选通脉冲信号的特殊方法

选通脉冲信号	说明
使用	从外部启动机器人时,启动信号确保0.2s以上的脉冲幅度,选通脉冲信号要等到程序选择信号稳定后,经过0.01s以上时才输入。此时假如已经在启动状态,则可实行程序选择。如果不在启动状态,则在输入启动信号时才实行程序选择(程序选择范围:0~9999,0号也可以选择)
不使用	从外部启动机器人时,启动信号确保0.2s以上的脉冲幅度,从输入程序选择信号后、0.1s之前没有变化时,认为输入信号确定,则可以读入。如果此时已在启动状态,则可实行程序选择;如果不在启动状态,则在输入启动信号时才可以实行程序选择(程序选择范围:0~9999,0号也可以选择)

4)按<ENABLE>键+左右光标键,切换单选按钮(横列的选择按钮),然后选定一种。
5)设定结束后,单击"写入"。

六、知识拓展——工业机器人在汽车制造涂胶作业中的应用

目前,机器人技术已逐渐成熟,机器人的性能、工作能力都得到了很大提升。早在20世纪工业机器人就已经被应用于汽车制造领域,随着机器人技术的不断发展,其在汽车制造领域的应用也越来越广泛,包括点焊作业、喷漆作业、涂胶作业(图2-69)等。

以涂胶作业为例,在汽车的生产过程中,许多涂胶作业需要机器人完成,比如车身涂折边胶、车底PVC(聚氯乙烯)涂胶以及汽车发动机涂胶等,这些工作以往依靠手工作业,经常由于作业规范性不强,导致产品良品率较低,影响了企业的生产效率。使用机器人以后,涂胶厚度有了统一的标准,机器人的工作稳定性强,可以保证又快又好地完成这些工作。

图2-69 工业机器人在汽车后风窗玻璃涂胶作业中的应用

七、评价反馈

评价表见表2-7。

表 2-7　评价表

基本素养(30 分)				
序号	评估内容	自评	互评	师评
1	纪律(无迟到、早退、旷课)(10 分)			
2	安全规范操作(10 分)			
3	团结协作能力、沟通能力(10 分)			
理论知识(30 分)				
序号	评估内容	自评	互评	师评
1	ALLCLR、CALLP 和 END 等应用命令认知(5 分)			
2	MOVE、MOVEJ、MOVEX 移动命令认知(5 分)			
3	运动规划认知(5 分)			
4	程序示教认知(5 分)			
5	程序修正认知(5 分)			
6	机器人运转方法认知(5 分)			
技能操作(40 分)				
序号	评估内容	自评	互评	师评
1	W 轨迹涂胶运动操作(20 分)			
2	方形轨迹涂胶运动操作(5 分)			
3	圆形轨迹涂胶运动操作(5 分)			
4	主程序调用子程序(10 分)			
综合评价				

八、练习题

1. 填空题

1) 移动命令有_____、_____和_____。
2) 执行类程序分为_____和_____。
3) 插补方式分为_____、_____和_____。
4) 机器人的运转方法有_____和_____。

2. 操作题

1) 对图 2-1 所示的仿真平台上的六边形轨迹进行涂胶操作。
2) 对图 2-1 所示的仿真平台上的三角形轨迹进行涂胶操作。

项目三 NACHI工业机器人搬运码垛编程与操作

一、学习目标

1）了解工业机器人搬运码垛的基本知识。

2）理解 NACHI 工业机器人语言编程指令（MOVEX-X、MOVEX-J 和 MOVEX-E 指令），及整数、实数和姿势等变量。

3）掌握应用命令 FN604、FN58、FN76 和 FN98 等。

4）掌握堆列概要及其编程方法。

5）能使用示教器进行工业机器人基本操作和编程。

6）能安全启动工业机器人，并遵守安全操作规程进行机器人操作。

7）能够进行用户坐标系测试和姿势文件制作。

8）能根据搬运码垛任务进行工业机器人运动规划、工具坐标系测定、搬运码垛作业示教编程以及搬运码垛程序调试和自动运行。

二、工作任务

（一）任务描述

如图 3-1 所示，手动将红色木块放置在流水线末端（间断地放 8 个红色木块），NACHI 工业机器人从流水线末端吸取红色木块，搬运至平台1和平台2，并按图 3-1 所示进行码垛。

（二）所需设备和材料

NACHI 工业机器人搬运码垛工作站如图 3-1 所示。

（三）技术要求

1）示教模式下，机器人的速度倍率通常不超过 3 档；自动模式下，机器人的速度倍率通常选用较低的档位。

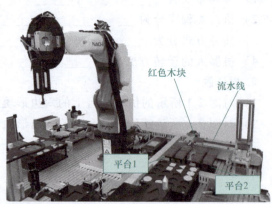

图 3-1 搬运码垛作业平台

2）机器人与周围任何物体不得有干涉。
3）示教器不得随意放置，不得跌落，以免损坏触摸屏。
4）不能损坏吸盘、流水线。
5）搬运过程中木块不得与周围物体有任何干涉。
6）气体压强在 0.5MPa 左右。

三、知识储备

（一）SET、RESET、DELAY 等应用命令介绍

1. SET（使一个通用输出信号为 ON）

该命令的 FN 码为 32。使用此命令时，可使任意一个通用输出信号（O1～O2048）为 ON，但是状态信号（如焊枪信号或启动中信号等用途已预先分配的信号）不可置于 ON。状态信号是否已被分配，可在监视器界面中进行识别。信号号码以斜体粗字表示的，即是状态信号，除此之外的信号可置于 ON。

2. RESET（使一个通用输出信号为 OFF）

该命令的 FN 码为 34。使用此命令时，可使任意一个通用输出信号（O1～O2048）为 OFF，但是状态信号（如焊枪信号或启动中信号等用途已预先分配的信号）不可置于 OFF。状态信号是否已被分配，可在监视器界面中进行识别。状态信号以外的信号可置于 OFF。

3. DELAY（进行待机）

该命令的 FN 码为 50。使用此命令可将机器人设置为待机状态，待机时间可在 0～60s。待机过程中，机器人静止于记录点。

4. CHGCOORD（选择移位坐标系）

该命令的 FN 码为 113。以用户坐标系执行移位时，可选择用户坐标系号码。执行用户坐标的移位命令时，必须预先使用 CHGCOORD 命令选择用户坐标系号码，即 SHIFTR：移位 2（FN52）或 SHIFTA：XYZ 移位（FN58）。执行这种移位动作的应用命令时，可选择用户坐标系作为移位基准的坐标系，使用 CHGCOORD 命令即可指定此时要使用的用户坐标系号码。

使用此应用命令时，如果未选择用户坐标系而直接执行用户坐标系的移位动作，系统会报警并停止机器人的运动。用户坐标系必须预先登录"维修/用户坐标"，最大可登录 100 个。

如图 3-2 所示，步骤 13 已记录应用命令 SHIFTA：XYZ 移位（FN58），其坐标系已选择为用户坐标系。其前面的步骤 11 记录 CHGCOORD：移位坐标系选择（FN113），指定用户坐标系 1。步骤 14 以后的移动命令，其动作以用户坐标系 1 向 X 方向移位 121.3mm 的位置（图中步骤 14′、15′的位置）为移动目标。

5. USE（选择姿势文件）

该指令的 FN 码为 98。它可将所选择姿势文件中的姿势数据展开为姿势变量。

将姿势数据作为文件管理，每个文件可记录 P1～P9999 个姿势。

注意：执行该命令时，姿势变量将被清除。如图 3-3 所示，姿势文件 1 中保存了 P1～P3 的姿势数据，如执行作业程序 1，在执行 GETPOSE 时系统将显示错误信息"I2151 程序或文件不存在。"，并停止再生。

6. FOR（循环开始）

该指令的 FN 码为 604，与 NEXT 命令配套使用。执行 FOR 命令时，系统会反复执行在 FOR~NEXT 循环内被描述的命令，参数设置如图 3-4 所示，参数释义见表 3-1。

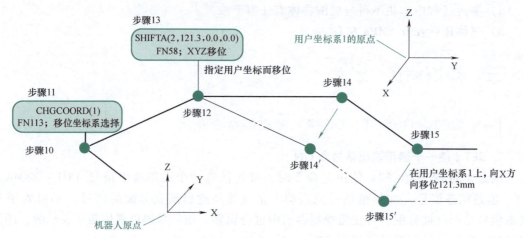

图 3-2　CHGCOORD 命令示例

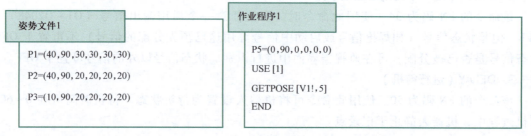

图 3-3　姿势文件

图 3-4　FOR 循环参数设置

表 3-1　FOR 循环参数释义

参数	释义
范围	指定使用循环计数器的变量
型式	
变量号码	
初始值	开始循环时的变量值
结束值	结束循环时的变量值
步骤（增量）	指定循环由开始到结束过程中使变量变化的增量

7. SHIFTA（XYZ 移位）

该指令的 FN 码为 58。使用该命令再生时，机器人以记录位置加上移动量进行平行移动。

XYZ 移位功能，是指将已经示教的位置加以任意方向的 3 维平行移动的功能。移位过程中将保持工具的姿势不变。要移动的坐标值，可从"机械坐标（机器人坐标）""工具坐标""用户坐标"和"绝对坐标（世界坐标）"四项中选择。移位量以参数来记录，即该命令在欲使机器人的平行移动量为已知时十分有用。再者，移位动作结束后，记录在 FN58 中的移位量全部指定为 0.0mm，如此即视同结束，机器人程序的记录位置本身不会由于此移位功能而被更新。

如图 3-5 所示，在欲开始移位动作的步骤 N，记录指定移位量的 XYZ 移位（FN58），并在移位结束步骤将全部移位量记录为 0 的 XYZ 移位加以记录。再生时，机器人在达到步骤 N 后，将 FN58 记录的被指定坐标系的移位量，加上下一个记录位置（步骤 N+1）而成为步骤 N'+1，以其为目标位置而再生。在达到步骤 N+2 后，由于执行移位量全部为 0mm 的 FN58，故结束移位动作。

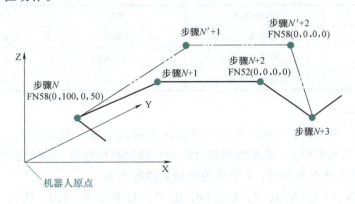

图 3-5　XYZ 移位功能

注意：①以用户坐标系基准进行移位时，事先应进行"用户坐标系登录"，必须预先通过 CHGCOORD 命令选择用户坐标号码；②指定的移位量超过以常数的"机器常数"和"移位量限位"所指定的值时，会发生检测错误，系统将停止机器人的运动；③可与其他的移位功能并用，此时 FN58 指定的移位量与反向的移位量以其他的移位相关命令指示时，其结果移位量即成为 0.0mm。

8. SWITCH、CASE、BREAK、ENDS（进行多个条件判断）

SWITCH、CASE、BREAK 和 ENDS 这四个配合使用可进行多个条件判断，FN 码分别为 686、687、688 和 689。如图 3-6 所示，整数变量 V1% 为 1 时，执行命令 1 至命令 I 后，控制转移到 ENDS；整数变量 V1% 为 2 或 3 时，执行命令 J 至命令 K 后，控制转移到 ENDS；整数变量 V1% 为 1、2、3 以外的其他时，执行命令 L 至命令 M 后，控制转移到 ENDS。

9. LETVF（实数变量代入）

该指令的 FN 码为 76。执行此命令后，可将值代入所指定的（通用）实数变量。（通用）实数变量是指通过机器人各轴的坐标值取得命令，或通过计时器变量读取命令，供存储其值的计数器使用。

```
SWITCH V1%
CASE 1
命令1
...
命令I
BREAK
CASE 2
CASE 3
命令J
...
命令K
BREAK
CASE
命令L
...
命令M
BREAK
ENDS
```

图 3-6　多个条件判断语句

（二）姿势常量

姿势常数是表示机器人的位置、姿势的常数，通常与移动命令 MOVEX 配合使用。姿势常数包含如下 3 种形式：

1）MOVEX-X 形式：以（X，Y，Z，r，p，y）表现工具尖端的位置和姿势的形式。

2）MOVEX-J 形式：以各轴的角度或位置表现机器人姿势的形式。

3）MOVEX-E 形式：以各轴的编码器值表现机器人姿势的形式。

1. MOVEX-X 形式

以（X，Y，Z，r，p，y）表现工具尖端（TCP）的位置与姿势，见表 3-2。"机构指定"为"M∗X"（"∗"为机构号码），基准点为该机器人（机构）的机械坐标系原点。

示例：MOVEX A=1，M1X，P，（1200，0，1800，0，0，-180），R=10.0，H=1，MS

表 3-2　工具尖端的位置与姿势

参数	MOVEX-X	参数	MOVEX-X
X	工具尖端的 X 坐标(mm)	r(Roll)	工具的横摇角(deg)
Y	工具尖端的 Y 坐标(mm)	p(Pitch)	工具的纵摇角(deg)
Z	工具尖端的 Z 坐标(mm)	y(Yaw)	工具的艏向角(deg)

2. MOVEX-J 形式

以角度（deg）或位置（mm）来表现机器人各轴的位置，见表 3-3。"机构指定"为"M∗J"（"∗"为机构号码）。要素数根据机构的不同而有所差异，SRA 系列及 NB/NV 系列等垂直多关节机器人共有 6 个轴，1 个机构的最大轴数为 6。

示例：MOVEX A=1，M1J，P，（0，90，0，0，0，0），R=5.0，H=1，MS

表 3-3　各轴的角度

参数	MOVEX-J	参数	MOVEX-J
J1	J1 轴角度(deg)或位置(mm)	J4	J4 轴角度(deg)或位置(mm)
J2	J2 轴角度(deg)或位置(mm)	J5	J5 轴角度(deg)或位置(mm)
J3	J3 轴角度(deg)或位置(mm)	J6	J6 轴角度(deg)或位置(mm)

3. MOVEX-E 形式

以 16 进制的编码器值表现机器人各轴的位置，见表 3-4，16 进制写作"&H80000"的格式。

表 3-4　各轴的编码器值

参数	MOVEX-E	参数	MOVEX-E
E1	J1 轴编码器值(16 进制)	E4	J4 轴编码器值(16 进制)
E2	J2 轴编码器值(16 进制)	E5	J5 轴编码器值(16 进制)
E3	J3 轴编码器值(16 进制)	E6	J6 轴编码器值(16 进制)

示例：MOVEX A=1，M1E，P，（&H80000，&H80000，&H80000，&H80000，&H80000，&H80000），R=10.0，H=1，MS

存在两个以上的机构时，可参考 MOVEX-J 的示例。

（三）变量

将程序中用来存储所使用的值的领域称为变量。变量常用于运算参照等，变量名是事先约定好的，不能自由使用变量名。

变量的种类如图 3-7 所示。全局变量可以供所有单元使用，是以 V 开始的变量。局部变量是分别存在于各个单元中的变量，不能供其他单元使用，是以 L 开始的变量。

项目三 NACHI工业机器人搬运码垛编程与操作

1. 整数变量

"整数变量"处理的是不含小数点的数值。

格式：Vn%，V%[n] n=1~250,301~500（也可使用变量）

　　　 Ln%，L%[n] n=1~200,301~500（也可使用变量）

范围：-2147483648~+2147483647

示例：V1% = V2% + 1；L%[1] = 10；CALLN 10, V1%, 10；JMPN 10, V1%, 20

所有的全局整数变量在主电源切断时也可作为停电保持数据得以保存，而所有的局部整数变量均不保存。

全局整数变量的 201~250 是进行 PLC 内部的整数变量与整数值收发的变量，如果向上述全局变量中写入值，则 PLC 内部的整数变量将被写入值。此外，如果读取上述全局变量，则将读取 PLC 内部的整数变量的值。

向 201~250 的全局整数变量写入值时，在变更反映到 PLC 内部的整数变量中之前，将发生延迟。

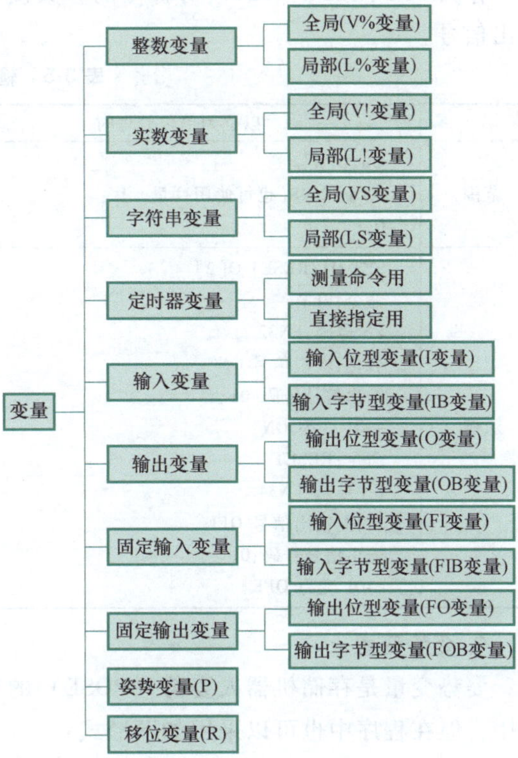

2. 实数变量

实数变量处理的是含有小数点的数值。

格式：Vn!，V![n] n=1~250，301~500（也可使用变量）

　　　 Ln!，L![n] n=1~200（也可使用变量）

范围：-1.0E38~+1.0E38

示例：V1! = V2! * 103.45

　　　 L![1] = 1.567E-2

　　　 GETANGLE V1!

实数变量为整数时，计算结果有时为整数。在机器人语言计算中，不是根据左边的变量形式计算，而是根据右边的变量形式计算。

全局实数变量的 201~250 是进行 PLC 内部的实数变量与实数值的收发的变量。如果向上述全局变量中写入值，则值将被写入 PLC 内部的实数变量中。此外，如果读取上述全局变量，将读取 PLC 内部的实数变量值。

向上述 201~250 的全局实数变量写入值时，在变更反映到 PLC 内部的实数变量中之前，将发生延迟。

3. 输出信号变量

以位（bit）或字节（byte）单位（1byte = 8bit）处理输出端口的变量，见表 3-5。

图 3-7　变量的种类

作为 SET、OUT、SETM 等命令的参数使用时，无法在输出信号变量中直接代入并操作输出信号。

表 3-5 输出信号变量

	以位为单位处理时	以字节为单位处理时
范围	On,O[n] n＝1～2048（也可使用变量） 0,1	OBn, OB[n] n＝1～205（也可使用变量） 0～1023（OB[205]时为 0～255）
示例	SET O1/RESET O[2] 命令：SET FN 号码：FN32 名称：输出信号 ON 输出信号号码：01 →O1 变为 ON 命令：RESET FN 号码：FN34 名称：输出信号 OFF 输出信号号码：01 →O1 变为 OFF	OUT OB205, 0 命令：OUT FN 号码：FN44 名称：输出信号二进制输出 群组号码：OB205 数据：0 →O2041～O2048 全部变为 OFF

4. 姿势变量

姿势变量是存储机器人姿势（POSE）的变量，通常是从事先制作的姿势文件中读取并使用，但在程序中也可以采用如下形式：

（X，Y，Z，r，p，y）的形式代入

P1＝（1800，0，2000，0，－90，－180）

（四）姿势文件概述

姿势文件是仅由机器人的位置/姿势信息（即姿势变量）构成的数据文件。

由于装配误差等，完全按照设计图正确移动机器人是很困难的。此外，因布局变更等导致需要修正位置时，以及希望在同一示教点上反复使用时，逐个修正原始源程序中的移动命令非常花费时间。为解决这一问题，在机器人语言中可以将多个姿势变量汇集在另外的文件中进行管理，这就是姿势文件。包含在姿势文件中的各个姿势变量可以通过实际移动机器人（图 3-8 所示）记录其位置/姿势来完成制作。之后只需要选择所要使用的姿势文件的号码，

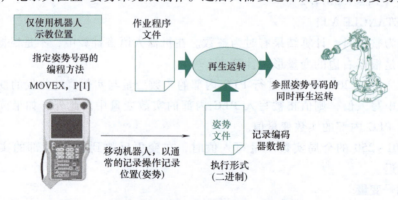

图 3-8 使用姿势文件的机器人语言程序

用 MOVEX 命令指定其中的姿势变量号码，即可移动机器人。例如：
REM "Pose file No. 10"
USE 10
REM "Pose variable P1,P2,P3"
MOVEX A=1,M1J,P,P1,R=10.0,H=1,MS
MOVEX A=1,M1J,P,P2,R=10.0,H=1,MS
MOVEX A=1,M1J,P,P3,R=10.0,H=1,MS

编译时不参照姿势文件，再生运转时参照姿势文件。此外，机器人语言程序与姿势文件不需要一一对应。可根据工件种类准备多个姿势文件，通过 USE 命令选择需要的姿势文件进行再生。

四、实践操作

（一）搬运码垛轨迹规划

1. 运动规划和程序流程的制订

要完成搬运码垛的示教编程，首先要进行运动规划，即要进行任务规划、动作规划和路径规划，如图 3-9 所示。

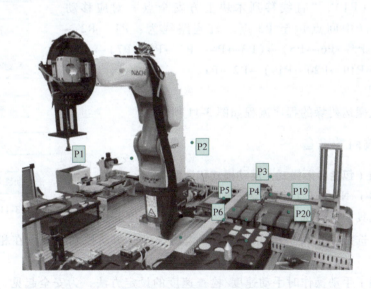

图 3-9　机器人轨迹规划

（1）任务规划　要完成的任务是将流水线末端的一个立方体木块搬运至两个平台区进行堆垛，因此机器人搬运动作可分解为吸取木块、搬运木块和放下木块三个任务。

（2）动作规划　每个任务可分解为机器人的一系列动作：吸取木块任务可以进一步分解为回原点、直线移到木块上方安全点、直线移动到木块吸取点和吸取木块，搬运木块任务可以进一步分解为直线退回到木块上方安全点、移动到堆垛区上方安全点和直线移到放置点，放下木块任务可以进一步分解为释放木块和直线退回到堆垛区上方安全点，如图 3-10 所示。

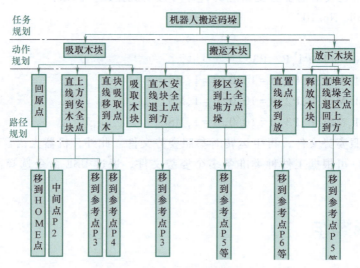

图 3-10　机器人搬运码垛运动规划

（3）路径规划　将每一个动作分解为机器人 TCP 运动轨迹，考虑到机器人姿态以及机器人与周围设备的干涉，每一个动作需要对应有一个或多个点来形成运动轨迹，如"回原点"对应 HOME 点（P1），"直线移到木块上方安全点"对应移动经过参考点 P2（中间点）至 P3 点。轨迹路线为：P1→P2→（P3→P4→P3→P5→P6→P5）（P3→P4→P7→P8→P7）→……（P3→P4→P3→P19→P20→P19）→P2→P1。

2．程序流程

工业机器人搬运码垛的程序流程如图 3-11 所示。

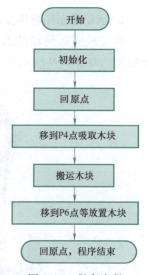

图 3-11　程序流程

（二）示教前的准备

1．参数设置（包含坐标模式、运动模式和速度）

项目一描述了 NACHI 工业机器人的三种坐标模式：轴坐标、机器人坐标和工具坐标。选定轴坐标模式，可以手动控制机器人各轴单独运动；选定机器人坐标和工具坐标模式，可以手动控制机器人在相应坐标系下的运动。

项目一介绍了手动操作时手动速度/检查速度的设定方法，为安全起见，通常选用较低档速度。

在示教过程中，需要在一定的坐标模式和操作速度下手动控制机器人达到一定的位置，因此在示教运动指令前，必须选定坐标模式和速度。

2．工具坐标系测量

工具为吸盘，参照项目一笔尖 TCP 的测试，完成吸盘 TCP 的测试。

3．I/O 配置

使用吸盘来吸取和释放工件，吸盘真空发生器的打开和关闭需要通过 I/O 接口信号进行控制。NACHI 工业机器人控制系统提供了 I/O 通信接口，这里采用编号为 5 的 I/O 通信接口。

4. 用户坐标系测量

1）在示教模式下，按<ENABLE>键和<PROG>键或者单击触摸屏上的"程序"，在调用程序栏输入一个新程序号，按回车键新建一个空程序"9991"。按<R>键，输入"314"，按回车键，输入"12345"，按回车键，进入专家模式。键入程序指令（图 3-12），并对第 2~4 行指令分别按照图 3-13~图 3-15 进行位置修正（按<ENABLE>键和位置修正键）。至此，在图 3-1 中平台 1 上示教完成机器人 OXY 坐标系。

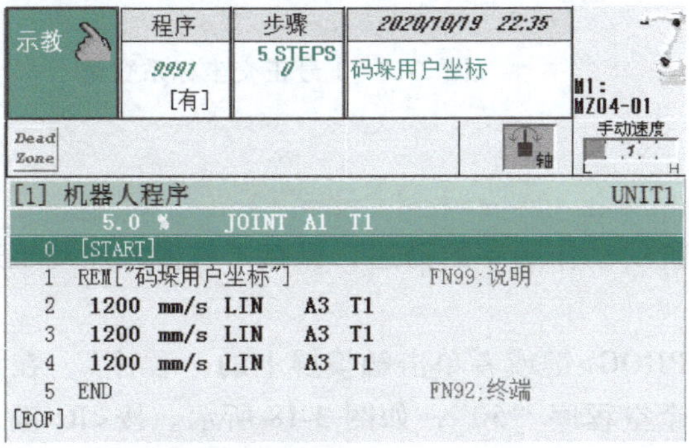

图 3-12 建立 9991 程序

图 3-13 修正原点 O

图 3-14 修正 X 轴向一点

图 3-15 修正 Y 轴向一点

2）单击示教器屏幕上的"维修"，选择"用户坐标系登记"，在程序栏中输入"9991"，按回车键，在步骤中选择"OXY"，单击右下角"写入"，完成 1 号用户坐标系登记（图 3-16）。

3）单击示教器屏幕上的"常数设定"→"操作和示教条件"→"正交坐标系登记"，将光标移至"坐标系 3"，按<ENABLE>键和向右方向键选择"用户"，将光标移至"坐标系 3 的用户坐标 No."，在文本框中输入数字"1"，按回车键，单击右下角"写入"，完成 1 号正交坐标系登记（图 3-17）。

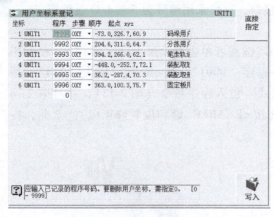

图 3-16 用户坐标系登记

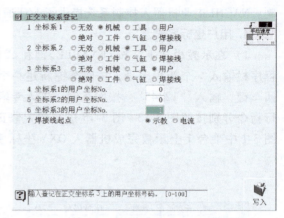

图 3-17 1号正交坐标系登记

（三）搬运码垛示教编程

程序是为了使机器人执行某种任务而设置的动作顺序的描述，保存了机器人运动轨迹所需的指令和数据。

1) 在示教模式下，按<ENABLE>键和<PROG>键或者单击触摸屏上的"程序"，在调用程序栏输入一个新程序号，按回车键新建一个空程序"50"，如图 3-18 所示。按<R>键，输入"314"，按回车键，输入"12345"，按回车键，进入专家模式。

2) 单击示教器触摸屏右上角"示教、再生条件"，单击触摸屏右侧向下翻页按钮，将光标移至"姿势记录"所在行，按<ENABLE>键和向右方向键选择"有效"，如图 3-19 所示。

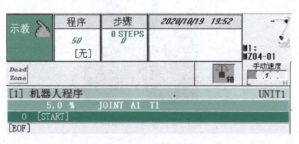

图 3-18 新建文件

图 3-19 选择姿势记录"有效"

3) 单击图 3-19 中右下角的"写入"，进入姿势文件编写界面，如图 3-20 所示。手动操作机器人至 P4 点，如图 3-21 所示。单击触摸屏左上角"记录"或按示教器上的<O.W/REC>键、右下角的"写入"，记录当前机器人的姿态，程序指令如图 3-22 所示。注意：在姿态文件中，该点记录为 P1 姿势变量，此处的 P1 与图 3-9 中的 P1 点不同。

4) 手动操作机器人至图 3-9 所示的 P6 点，如图 3-23 所示。单击触摸屏左上角的"记录"或按示教器上的<O.W/REC>键，记录当前机器人的姿态，程序指令如图 3-24 所示。注意：在姿态文件中，该点记录为 P2 姿势变量，此处的 P2 与图 3-9 中的 P2 点不同。单击示教器触摸屏右上角“示教、再生条件”，单击触摸屏右侧向下翻页按钮，将光标移至“姿势记录”所在行，按<ENABLE>键和向左方向键选择“无效”，单击图中右下角的“写入”，返回程序 50 编辑界面，如图 3-18 所示。

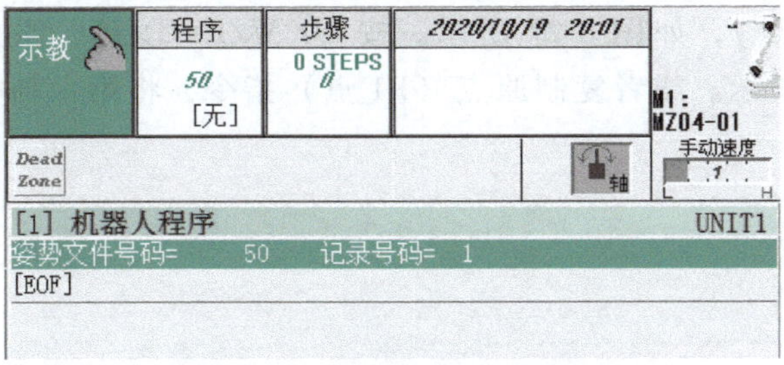

图 3-20 姿势文件编写界面

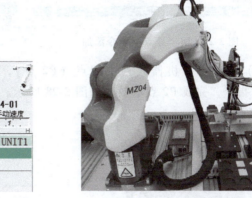

图 3-21 到 P4 点

[1] 机器人程序 UNIT1

姿势文件号码= 50 记录号码= 1

1	-124.53	406.60	393.22	84.77	3.43	9.20

[EOF]

图 3-22 P4 点姿态记录即 P1 点指令

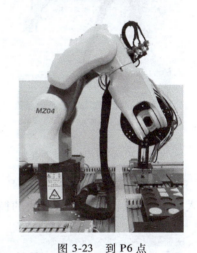

图 3-23 到 P6 点

[1] 机器人程序 UNIT1

姿势文件号码= 50 记录号码= 2

1	-124.53	406.60	393.22	84.77	3.43	9.20
2	-64.33	526.96	596.55	173.27	-0.63	9.21

[EOF]

图 3-24 P6 点姿态记录即 P2 点指令

5）手动操作机器人回原点，即图 3-9 中的 P1 点，如图 1-26 所示。按<O. W/REC>键，添加 JOINT 指令，按编辑键对指令参数进行修改，单击“写入”，完成机器人回原点示教，如图 3-25 所示。

6）按<FN>键，输入“113”，按回车键，输入“1”，按回车键，坐标系切换为 1 号用户坐标系。按<FN>键，输入“98”，按回车键，输入“50”，按回车键，选择姿势文件 50，如图 3-26 所示。

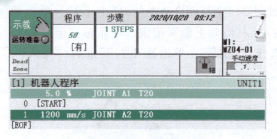

图 3-25 回"原点"指令添加 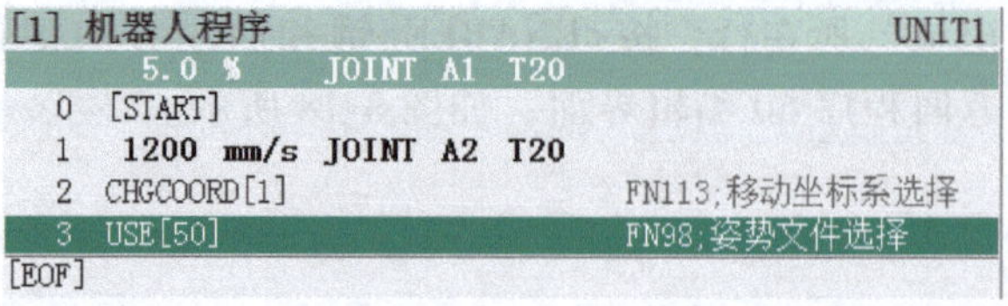　　　　　图 3-26 选择 1 号用户坐标系和姿势文件 50

7) 手动操作机器人到中间点（P2 点），如图 3-27 所示。按 <O.W/REC> 键，添加 JOINT 指令，完成 P2 点示教，如图 3-28 所示。或者复制原点（P1 点）指令，将第六轴关节角度改为 -90°。

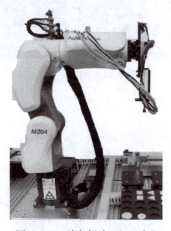

图 3-27 到中间点（P2 点） 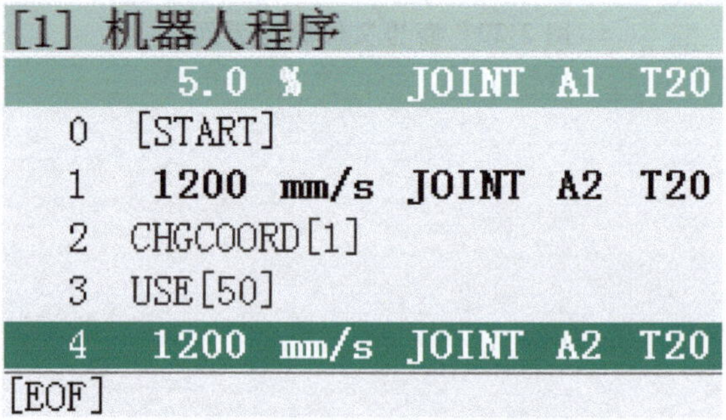　　　　　图 3-28 中间点（P2 点）指令添加

8) 按 <FN> 键，输入"604"，按回车键，设置循环指令参数如图 3-29 所示，单击"写入"，开始机器人对 8 个木块的循环搬运码垛指令编程，如图 3-30 所示。

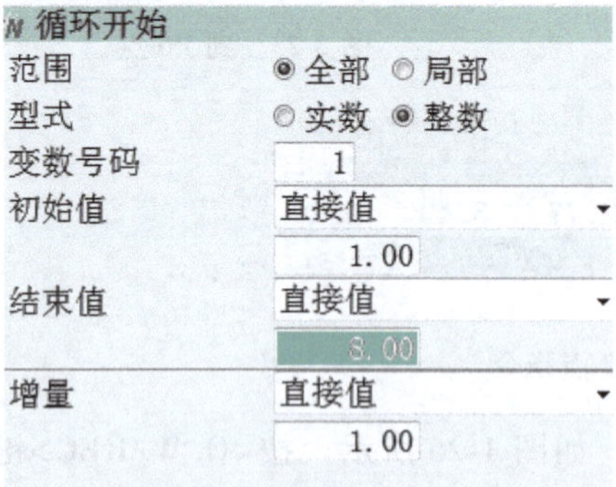

图 3-29 循环指令参数设置 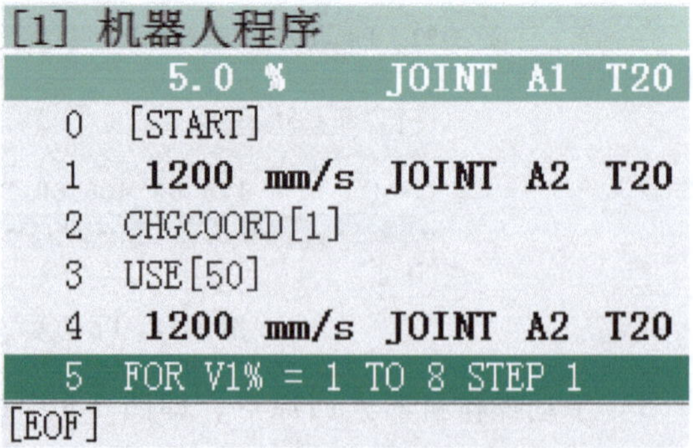　　　　　图 3-30 添加循环指令 FOR

9) 按 <FN> 键，输入"58"，按回车键，坐标系选择 2，按回车键，X、Y 偏移量为 0，按回车键，Z 偏移量为 50，按回车键。按 <O.W/REC> 键，添加 JOINT 指令，按编辑键将 JOINT 指令修改为 LIN 指令，单击"写入"，完成 P3 点指令添加，如图 3-31 所示，此处指

令需要在机器人语言中做进一步修改。

10）按<FN>键，输入"58"，按回车键，坐标系选择2，按回车键，X、Y偏移量为0，按回车键，Z偏移量为0，按回车键。按<O.W/REC>键，添加JOINT指令，按编辑键将JOINT指令修改为LIN指令，单击"写入"，完成P4点指令添加，如图3-32所示。此处指令需要在机器人语言中做进一步修改。

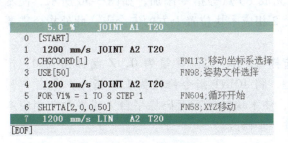

图3-31　P3点指令添加　　　　　　　　图3-32　P4点指令添加

11）按<FN>键，输入"32"，按回车键，输入"5"，按回车键，打开真空发生器，使吸盘吸取木块，按<FN>键，输入"50"，按回车键，输入"0.5"，按回车键，延时0.5s，使木块被可靠吸住，指令如图3-33所示。

12）按<FN>键，输入"58"，按回车键，坐标系选择2，按回车键，X、Y偏移量为0，按回车键，Z偏移量为50，按回车键。按<O.W/REC>键，添加JOINT指令，按编辑键将JOINT指令修改为LIN指令，单击"写入"，完成P3点指令添加，使木块吸取后的机器人返回第3点，此处指令需要在机器人语言中做进一步修改。按<FN>键，输入"58"，按回车键，坐标系选择2，按回车键，X、Y偏移量为0，按回车键，Z偏移量为0，按回车键，取消偏移，如图3-34所示。

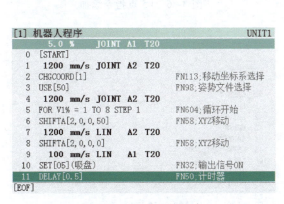
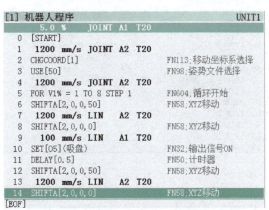

图3-33　吸取木块指令　　　　　　　　图3-34　P3点指令添加

13）按<FN>键，输入"686"，按回车键，按<ENABLE>键和编辑键，在软键盘中输入参数V1%，单击"确定"，开始SWITCH指令编程。按<FN>键，输入"687"，按回车键，输入"1"，再按回车键，完成CASE指令编程。按<FN>键，输入"76"，按回车键，输入变量1，按回车键，输入值0，按回车键，完成代入实数变量指令，即第一个木块的X坐标。按<FN>键，输入"76"，按回车键，输入变量2，按回车键，输入值0，按回车键，完成代入实数变量指令，即第一个木块的 Y 坐标。按<FN>键，输入“688”，按回车键，完成 BREAK 指令，即跳出第一个 CASE 指令。用同样的方法，根据码垛间距，完成其他 7 个木块的偏移值的赋值。按<FN>键，输入“689”，按回车键，结束 SWITCH 指令编程，如图 3-35 所示。

14）按<FN>键，输入“58”，按回车键，坐标系选择 2，按回车键，X、Y 偏移量为 0，按回车键，Z 偏移量为 50，按回车键。按<O. W/REC>键，添加 JOINT 指令，按编辑键，将 JOINT 指令修改为 LIN 指令，单击“写入”，完成 P5 点等指令添加，如图 3-36 所示，使木块被吸取后，机器人运动至码垛平台 1 或平台 2 相应木块位置上方的安全点，此处指令需要在机器人语言中做进一步修改。

15）按<FN>键，输入“58”，坐标系选择 2，X、Y 偏移量为 0，Z 偏移量为 0。按<O. W/REC>键，添加 JOINT 指令，按编辑键，将 JOINT 指令修改为 LIN 指令，单击“写入”，完成 P6 点等指令添加，如图 3-37 所示，使木块被搬运至码垛平台 1 或平台 2 相应木块放置点，此处指令需要在机器人语言中做进一步修改。

```
     5.0 %      JOINT A1  T20
14  SHIFTA[2,0,0,0]          FN58;XYZ移动
15  SWITCH V1%               FN686;SWITCH
16  CASE 1                   FN687;条件
17  LETVF[V1!,0]             FN76;代入实数变量
18  LETVF[V2!,0]             FN76;代入实数变量
19  BREAK                    FN688;BREAK
20  CASE 2                   FN687;条件
21  LETVF[V1!,60]            FN76;代入实数变量
22  LETVF[V2!,0]             FN76;代入实数变量
23  BREAK                    FN688;BREAK
24  CASE 3                   FN687;条件
25  LETVF[V1!,0]             FN76;代入实数变量
26  LETVF[V2!,80]            FN76;代入实数变量
27  BREAK                    FN688;BREAK
28  CASE 4                   FN687;条件
29  LETVF[V1!,60]            FN76;代入实数变量
```

a)

```
30  LETVF[V2!,80]            FN76;代入实数变量
31  BREAK                    FN688;BREAK
32  CASE 5                   FN687;条件
33  LETVF[V1!,140]           FN76;代入实数变量
34  LETVF[V2!,0]             FN76;代入实数变量
35  BREAK                    FN688;BREAK
36  CASE 6                   FN687;条件
37  LETVF[V1!,200]           FN76;代入实数变量
38  LETVF[V2!,0]             FN76;代入实数变量
39  BREAK                    FN688;BREAK
40  CASE 7                   FN687;条件
41  LETVF[V1!,140]           FN76;代入实数变量
42  LETVF[V2!,80]            FN76;代入实数变量
43  BREAK                    FN688;BREAK
```

b)

```
44  CASE 8                   FN687;条件
45  LETVF[V1!,200]           FN76;代入实数变量
46  LETVF[V2!,80]            FN76;代入实数变量
47  BREAK                    FN688;BREAK
48  ENDS                     FN689;SWITCH 终端
[EOF]
```

c)

图 3-35　SWITCH 指令添加

```
40  CASE 7                   FN687;条件
41  LETVF[V1!,140]           FN76;代入实数变量
42  LETVF[V2!,80]            FN76;代入实数变量
43  BREAK                    FN688;BREAK
44  CASE 8                   FN687;条件
45  LETVF[V1!,200]           FN76;代入实数变量
46  LETVF[V2!,80]            FN76;代入实数变量
47  BREAK                    FN688;BREAK
48  ENDS                     FN689;SWITCH 终端
49  SHIFTA[2,0,0,50]         FN58;XYZ移动
50   1200  mm/s LIN    A2  T20
[EOF]
```

图 3-36　P5 点指令添加

```
40  CASE 7                   FN687;条件
41  LETVF[V1!,140]           FN76;代入实数变量
42  LETVF[V2!,80]            FN76;代入实数变量
43  BREAK                    FN688;BREAK
44  CASE 8                   FN687;条件
45  LETVF[V1!,200]           FN76;代入实数变量
46  LETVF[V2!,80]            FN76;代入实数变量
47  BREAK                    FN688;BREAK
48  ENDS                     FN689;SWITCH 终端
49  SHIFTA[2,0,0,50]         FN58;XYZ移动
50   1200  mm/s LIN    A2  T20
51  SHIFTA[2,0,0,0]          FN58;XYZ移动
52   1200  mm/s LIN    A1  T20
[EOF]
```

图 3-37　P6 点等指令添加

16）按<FN>键，输入“34”，输入“5”，关闭真空发生器，放置木块，按<FN>键，输入“50”，输入“0.5”，延时 0.5s，使木块被可靠放置，指令如图 3-38 所示。

17）按<FN>键，输入“58”，坐标系选择 2，X、Y 偏移量为 0，Z 偏移量为 50。按

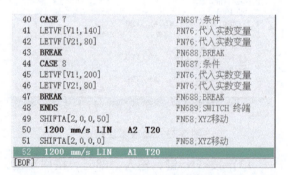

<O.W/REC>键，添加 JOINT 指令，按编辑键，将 JOINT 指令修改为 LIN 指令，单击"写入"，完成 P5 点等指令添加，使机器人返回至码垛平台 1 或平台 2 相应木块位置上方安全点，此处指令需要在机器人语言中做进一步修改。按<FN>键，输入"58"，坐标系选择 2，X、Y 偏移量为 0，Z 偏移量为 0，取消偏移，如图 3-39 所示。

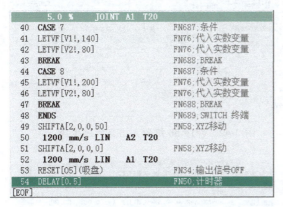

图 3-38 P8 点指令添加

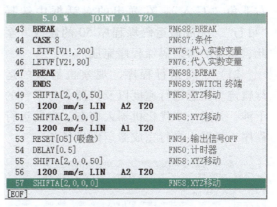

图 3-39 P9 点指令添加

18）按<FN>键，输入"605"，按回车键，添加 NEXT 指令，结束 FOR 循环。手动操作机器人移动到 P2 点，按<O.W/REC>键，添加 JOINT 指令。手动操作机器人移动到 P1 点，按<O.W/REC>键，添加 JOINT 指令。按<FN>键，输入"92"，按回车键，添加 END 指令，如图 3-40 所示。至此，完成采用偏移方式实现机器人对木块的搬运码垛指令编程。

19）单击触摸屏左下角"维修"→"程序转换"→"语言转换"，打开"语言转换"对话框，如图 3-41 所示。相继选择"语言形式<-执行形式"→"语言（MOVEX-J）"→"MZ04-01.050"，即选择程序 50，在下方程序号码指示框中会显示"050"。单击右下角"执行"，在弹出的"正常结束"对话框中直接按回车键，将程序 50 转化为机器人语言，会在图 3-42 中显示程序"MZ04-01-A.050"。

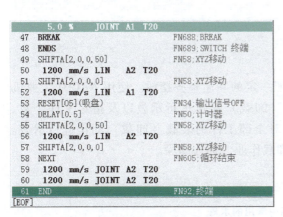

图 3-40 程序结束，机器人回归原点

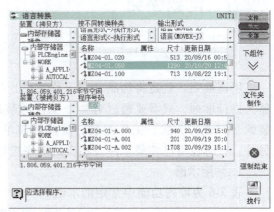

图 3-41 语言转换

20）单击触摸屏左下角"维修"→"ASCII 文件编辑"，找到机器人语言程序"MZ04-01-A.050"，单击触摸屏右下角"执行"，可以对该语言程序进行编辑，如图 3-43 所示。将第 7、9、13 行指令中的关节参数用 P1 代替，此 P1 即为姿势文件 50 中第 1 个姿势变量。将第

49、51、55 行指令中的 X、Y 偏移量分别改为 V1!、V2!，将第 50、52、56 行的关节参数用 P2 代替，此 P2 即为姿势文件 50 中第 2 个姿势变量。如图 3-44 所示，单击触摸屏右下角"写入"，在弹出的对话框中选择"可行"，完成搬运码垛程序 50 的修改。至此，木块的搬运码垛程序完成。

21）手动运行程序，观察机器人的运行轨迹。注意运行速度以及机器人与平台的干涉，并进一步优化机器人姿态。自动运行程序，机器人自行完成搬运码垛任务。

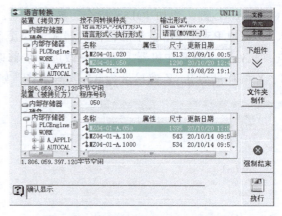

图 3-42　程序 50 机器人语言程序生成

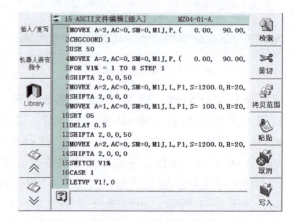

图 3-43　机器人语言程序编辑　　　　图 3-44　完成搬运码垛机器人语言程序编辑

五、问题探究

（一）堆列概述

所谓堆列，就是将物品（以下称工件）按照一定的顺序整齐摆放。使用 NACHI 工业机器人进行堆列，只需要通过对一个工件的装载（卸载）动作进行示教以及指定工件个数、装载（卸载）方式、工件配置，就能够简单地对全部工件的装载（卸载）动作进行示教。另外，有时也将已装载工件按相反的顺序进行卸载作业，称为卸垛。

1. 常用术语

表 3-6 为堆列功能中常用的术语。

表 3-6　堆列功能中常用的术语

术语	说明
工件	装卸对象的总称
工件信息	一个工件的长度、宽度和高度等信息
托盘	工件摆放的区域或托盘材质等

(续)

术语	说　　明
货物	堆列作业后形成的最终形态货物的总称
货站	交付工件的场所
托盘坐标系	在托盘上被定义的坐标系,与用户坐标系相同
堆列模式	货物整体形状,主要由工件信息、工件抓取位置、重叠模式和平面模式构成
工件抓取位置	表示用来抓取工件的机械手(指尖轴)的旋转中心与被抓取工件中心间的差值
重叠模式	各层工件使用哪种平面模式进行堆列
平面模式	同一平面上的摆放形状
堆列号码	用于识别堆列模式的号码
堆列寄存器	用于管理堆列作业的内部变量
堆列计数	用于表示正在对第几个工件进行堆列处理的数据,一般由层计数、工件计数构成
层计数	堆列进行中的层号码
工件计数	堆列进行中的工件号码
卸垛	与工件装载动作相反的动作,即卸载动作
同时堆列	指同时进行多个堆列作业(一个堆列作业结束后,开始另外的堆列作业)
多重堆列	指在堆列作业中执行其他的堆列作业。将各个堆列的移动量加起来,实施移动动作
接近	工件放置在托盘上时,为了避开已装载好的工件而填满空隙而进行的斜向放置的动作
移动	不改变作业程序中已记录的位置,再生时临时性的位置移动。堆列功能中,以堆列模式信息为基础,向示教位置进行移动,装载(卸载)全部工件

2. 性能

堆列功能的规格/性能见表 3-7。

表 3-7　堆列功能的规格/性能

项目	规格/性能
堆列模式	可以注册 255 种装置共通模式(堆列号码为 1~255) 装载层数可以达到 50 层
工件抓取位置	1 个堆列模式最多能够注册 4 个
平面模式	1 个堆列模式最多能够注册 8 种平面模式
工件个数	1 个平面模式最多能够注册 99 个工件
托盘(坐标系)	各单元共通,最多能够注册 100 个托盘
同时堆列数量	可同时进行的堆列数量最多为 32 可通过堆列监视器对运行状态进行监视
多重堆列数量	最多可达 8 层
移动功能	除堆列功能(从 PALLET3 开始的功能)外,通常的移动功能(FN58 等)也可以使用 同时使用时,按照堆列功能和移动功能的顺序进行移动量的计算

3. 作业流程

机器人实施堆列（卸垛）作业的作业流程（图3-45）如下：

（1）注册托盘　以托盘的一角为原点注册托盘坐标，机器人以该坐标系为基准，决定工件的装载方向。

（2）注册堆列模式　注册工件装卸模式的数据组，步骤为：①注册工件信息，②注册工件抓取位置，③注册重叠模式以及④注册平面模式。

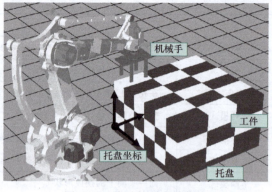

图3-45　从示教到运转作业

（3）示教　工件装卸动作的示教和为执行堆列作业的应用命令进行示教，按照触摸屏画面指示，可以编制用来实施标准堆列/卸垛作业的程序。

（4）动作确认　通过Check-Go等程序对示教后的机器人程序进行动作确认，并根据需要进行示教修正。

（5）运转　实际执行堆列作业。

4. 托盘登录概述

堆列动作就是托盘上的移位动作，因此必须预先注册作为基准的托盘，以装载工件时所使用托盘上的一角为原点注册坐标（图3-46）。

托盘从3点进行定义：①托盘基准位置；②从基准位置向托盘 X 轴方向移动的位置；③从基准位置向托盘 Y 轴方向移动的位置。

注册在"托盘登录"界面上进行，也可以利用记录了上述3点的程序登录托盘。

对托盘来说，重要的并非原点位置，而是各个坐标轴的方向，这些方向决定了工件装卸的位置，从确定为原点的位置开始正确记录X轴、Y轴、Z轴方向。

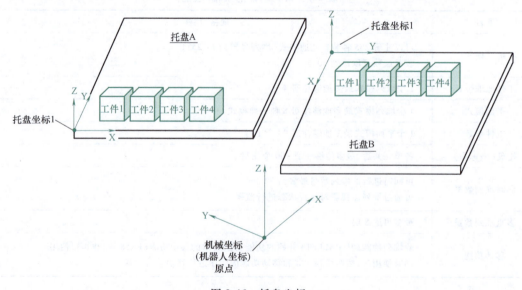

图3-46　托盘坐标

项目三 NACHI工业机器人搬运码垛编程与操作

5. 堆列模式登录概述

堆列模式登录步骤为连续作业，无法进行个别设定。各个界面设定结束后，单击"下一步"按钮。另外，希望返回前一界面时，单击"返回"按钮。按照下列步骤进行堆列模式的登录：

1) 堆列模式选择。选择新编制/修正模式。

2) 工件信息设定。设定工件大小、间隙和工件装载时的接近距离，如图3-47所示。

3) 工件抓取位置设定。设定抓取工件的机械手的旋转中心与抓取工件中心的偏移（偏移量），最多可设定4个偏移量。

4) 重叠模式设定。设定装载工件的层数或其总高度，以及各层所使用的平面模式，如图3-48所示，最多可设定8个平面模式。

5) 平面模式设定。设定在重叠模式中所设的平面模式，如图3-49所示。可以从"列""联锁""针齿轮""自定义"中选择如何将工件放置在一个平面上，使用"自定义"时可以进行更详细的设定。

6) 平面模式确认。确认所设定的平面模式，可以自动计算为平面模式的平行移动。

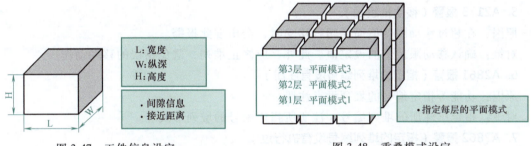

图3-47　工件信息设定　　　　　　　图3-48　重叠模式设定

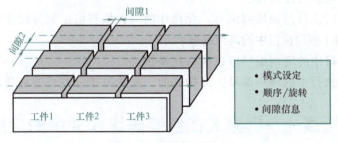

图3-49　平面模式设定

在堆列功能中，可以定义255种堆列模式，所设定的内容记录在堆列数据文件（Ac00Pltz.CON）中。

（二）堆列故障处理

1. A2201报警（堆列开始和结束的指定不确切）

原因：在"FN249堆列开始（加堆板开始）"命令或"FN250堆列结束（加堆板结束）"命令未正确成对时检测。

对策：应确认开始和结束命令是否成对记录，如果出现错误记录，修正机器人程序。不管记录在机器人程序中的开始命令和结束命令是否正确，出现本报警时，有可能是开始状态与结束状态不一致，因此应执行"R0 步骤计数器的复位"。

2. A2202 报警（超出了同时可执行的堆列数）

原因：在同时执行 32 个以上堆列时检测。

对策：通过"R377 堆列计数重新设定"或"R378 堆列计数变更"结束正在执行的不必要的堆列作业。

3. A2203 报警（堆列数据异常）

原因：从"FN249 堆列开始（加堆板开始）"命令和堆列数据计算移动量，没能计算出正确移动量时检测。没能正确计算的原因为未设定计算所需的数据。

对策：应确认堆列数据。

4. A2204 报警（多层堆列超量）

原因：在正要执行 8 层以上的多层堆列时检测。

对策：应修正为 8 层以内的机器人程序。此外，应结束执行"R377 堆列计数重新设定"或"R378 堆列计算变更"时的无需堆列作业。

5. A2173 报警（移动量超程）

原因：在超过移动限位值而要超程移动时，会出现此报警。

对策：确认移动限位值的设定值。此外，应修正堆列，避免错误的移动动作。

6. A2861 报警（指定的堆列编号没有注册）

原因：功能等指定编号的堆列没有注册。

对策：指定已注册的堆列编号，注册所指定编号的堆列形式。

7. A2862 报警（指定的堆列编号没有执行过）

原因：执行一次堆列动作就会注册到堆列注册表中，并可保持到复位前；没有注册到注册表的堆列编号不能执行此操作。

对策：应指定已执行过的堆列编号。此操作前，先执行指定编号的堆列动作。

8. A2863 报警（指定执行中的堆列编号）

原因：仅限执行中的堆列编号可以执行此操作。

对策：应指定执行中的堆列编号。此操作前，先执行指定编号的堆列动作。

六、知识拓展——机器人在包装码垛作业中的应用

企业为了提高自动化程度、保证产品质量，通常需要将高速产线贯穿于生产和包装过程中。机器人在包装领域中应用广泛，特别是在食品（图 3-50）、烟草和医药等行业的大多数生产线中，其包装和生产终端的码垛作业基本都实现了机器人化作业，生产线具有高度自动化。机器人作业精度高、柔性好、效率高，克服了传统的机械式包装占地面积大、程序更改复杂、耗电量大的缺点，同时避免了采用人工包装造成的劳动量大、工时多、成本高、无法保证包装质量等问题。目前，机器人已具备足够的智能，可识别生产线上不易处理的各种产品，并且能够基于智能识别系统进行相应的抓放动作，极大地提高了生产线的智能化。

图 3-50　机器人助力啤酒、饮料产业实现码垛自动化

七、评价反馈

评价表见表 3-8。

表 3-8　评价表

基本素养(30 分)				
序号	评估内容	自评	互评	师评
1	纪律(无迟到、早退、旷课)(10 分)			
2	安全规范操作(10 分)			
3	团结协作能力、沟通能力(10 分)			
理论知识(30 分)				
序号	评估内容	自评	互评	师评
1	SET、RESET 和 DELAY 等应用命令认知(5 分)			
2	姿势常量认知(5 分)			
3	变量认知(5 分)			
4	用户坐标系认知(5 分)			
5	堆列认知(5 分)			
6	托盘和堆列模式方法认知(5 分)			
技能操作(40 分)				
序号	评估内容	自评	互评	师评
1	搬运码垛轨迹规划操作(10 分)			
2	用户坐标系测试(5 分)			
3	姿势文件制作(5 分)			
4	搬运码垛示教编程(10 分)			
5	堆列实现搬运码垛编程(10 分)			
	综合评价			

八、练习题

1. 填空题

1) 用户坐标需要测试＿＿＿＿＿＿、＿＿＿＿＿＿和＿＿＿＿＿＿。
2) 变量按范围分为＿＿＿＿＿＿＿＿＿＿和＿＿＿＿＿＿＿＿＿＿。
3) FOR 循环需要指定的参数为＿＿＿＿＿＿、＿＿＿＿＿＿和＿＿＿＿＿＿。
4) 堆列作业流程步骤包括＿＿＿＿＿＿、＿＿＿＿＿＿、＿＿＿＿＿＿、＿＿＿＿＿＿和＿＿＿＿＿＿。

2. 操作题

1) 对图 3-1 所示平台 1 和平台 2 上的木块进行卸垛操作，即把 8 个木块放回流水线右端库中。
2) 采用堆列编程方法完成图 3-1 所示的搬运码垛任务。

项目四 NACHI工业机器人打磨编程与操作

一、学习目标

1）了解工业机器人打磨的基本知识。
2）理解 NACHI 工业机器人的 I/O 信号。
3）掌握应用命令 FN525。
4）能使用示教器进行工业机器人的基本操作和编程。
5）能安全启动工业机器人，并遵守安全操作规程进行机器人操作。
6）能够进行姿势文件修改和姿势变量添加。
7）能根据打磨任务进行工业机器人运动规划、工具坐标系测定、打磨作业示教编程、打磨程序调试、自动运行和外部启动运行。

二、工作任务

（一）任务描述

如图 4-1 所示，待打磨工件 1 放置于原料台上，NACHI 工业机器人利用气爪抓取工件 1 至打磨工具上进行打磨，打磨完成后将工件 1 放回原处。

（二）所需设备和材料

NACHI 工业机器人打磨工作站，如图 4-1 所示。

（三）技术要求

1）示教模式下，机器人的速度倍率通常不超过 3 档；自动模式下，机器人的速度倍率通常选用较低的档位，超越速度不超过 10%。
2）机器人与周围任何物体不得有干涉。
3）示教器不得随意放置，不得跌落，以免损坏触摸屏。
4）不能损坏气爪、工件。

图 4-1 打磨作业平台

5）打磨过程中，工件不得与周围物体有任何干涉。

6）气体压强在 0.5MPa 左右。

三、知识储备

（一）WAITI 命令介绍

WAITI 命令用于等待任意一个通用输入信号，FN 码为 32。使用此应用命令，在所指定的一个通用输入信号输入前，可以使机器人处于待机状态。该命令无法等待状态信号（如焊接结束信号以及启动信号等事先已分配用途的信号），状态信号是否已分配可在监视器界面上识别。斜体粗字的信号号码为状态信号，除此以外的其他信号是可以等待的。

（二）输入/输出信号分类

NACHI 工业机器人控制装置的输入/输出信号分类见表 4-1，示意图如图 4-2 所示。不使用软 PLC 时，逻辑信号直接连接物理信号。

表 4-1 控制装置的输入/输出信号分类

分类	输入/输出信号	说明	
方向	输入信号	从外界输入到控制器的信号，也称为 I 信号	
	输出信号	从控制器输出到外界的信号，也称为 O 信号	
	逻辑信号	能够从软件侧访问的信号总称	不使用软 PLC 时，逻辑信号直接连接物理信号。所以，这种情况下可以忽视此分类
	物理信号	连接于 DC 24V 现场总线等外部信号源的输入/输出信号总称	
用途	状态信号	启动机器人的"启动命令"输入信号，开启机器人再生运转中的"启动中"输出信号等预先决定意义的信号称为状态信号。虽然依照各种应用而准备着各种信号，但是在此不依存各种应用，将被使用的基本信号称为基本输入/输出信号	
	通用信号	在作业程序中，自由地写入 ON/OFF 命令而预备好的信号，用途可依照外部顺序的组合方法自由选定	

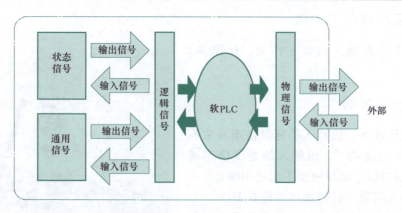

图 4-2 输入/输出信号示意图

NACHI 工业机器人一共提供了 2048 个输入信号和 2048 个输出信号（逻辑信号的总称）。另外，物理信号因所提供的 I/O 形态而受到限制。例如，当仅安装了一个输入/输出板（选购）时，最多可提供 32 个输入信号和 32 个输出信号。当安装了 DeviceNet（选购）时，可提供所有的 2048 个输入信号和 2048 个输出信号。

因此，为了配合所使用的物理 I/O 的容量，可自由设定作为状态信号使用的逻辑信号的数量，称为输出/输入信号的分配。出厂时，虽被设定在标准的分配状态，但可简单地将其变更，应根据系统的设计而加以设定。

（三）基本输入信号

1. 外部启动信号"U1~U9"

外部启动信号是指不使用设置于操作箱中的运转准备 ON 按钮及启动按钮，而是通过来自于外部控制器的指示来启动程序时所用的信号。

当外部启动处于 ON 时：

1）启动通过程序选择位信号指定的程序，不需要事先保持信号。

2）仅在从步骤 0 开始启动时，启动通过程序选择位信号指定的程序编号，停止后重新启动时及从指定步骤启动时（从步骤 0 以外启动时），与程序选择位信号的状态无关，一定会启动悬式示教作业操作按钮台上显示的程序。无论在何种情况下，若要启动通过程序选择位信号指定的程序，应在启动输入前输入外部复位信号，将步骤设定为 0。

3）停止时，应使外部个别停止信号 OFF，也可通过悬式示教作业操作按钮台或者操作箱操作来停止。

4）使动作、启动、运转和作业程序执行的各个输出信号为 ON。

5）在多单元规格的机器人上同时启动多个单元时，需输入与欲启动的单元（U1~U9）相对应的信号。先启动 1 个单元，在从这一单元向其他各个单元分配时，仅需对最初启动的单元进行输入。

2. 外部全部停止信号

外部全部停止信号是用于从外部停止机器人的信号，所有的单元同时停止。不管启动选择（内部、外部、工位启动）的设定如何，如配置为"0"以外的值，即为一直有效。本信号为 B 接点，OFF 时即停止，ON 时表示启动许可。

外部全部停止信号处于 OFF 时：

1）启动中的所有单元（程序）均停止。

2）如输入本信号，不能进行自动运转的启动及检查运转操作。

3）停止和暂停的各个输出信号转为 ON。

3. 外部运转准备打开信号

外部运转准备打开信号是通过外部装置使运转准备（伺服电源）为 ON 时所需的输入信号。使用该信号时，需将"维修""示教、再生条件"的"启动选择"设定为"外部"。外部运转准备打开处于 ON 时，运转准备为 ON。

4. 外部运转准备断开信号

外部运转准备断开信号是从外部使运转准备为 OFF 时所需的输入信号。不管启动选择（内部、外部、工位启动）的设定如何，该信号为一直有效的信号。外部运转准备断开处于 ON 时，运转准备为 OFF。

5. 程序选择信号（U1~U9）

程序选择信号是指不通过悬式示教作业操作按钮台，而是通过来自于外部的指示来选择程序时所用的信号，通过位 1~16（16 个）组成的信号来选择 1~9999 号程序。16 位信号的读取形式为"二进制""BCD"和"离散"中的任何一个。读取信号时，决定读取时间的输入信号就是程序选通脉冲信号。在多单元规格的机器人上同时启动多个单元时，需对每一个单元输入本信号。

程序选择位 1~16 处于 ON 时，选择程序，与外部启动信号相关密切。

备注：①欲使用该信号时，需将"维修""示教再生条件""选择再生模式程序"设定为"外部"；②读取形式可以在"维修""示教再生条件""选择方式"中任选一个。

6. 外部复位信号（U1~U9）

在从外部进行异常复位和步骤编号清除时输入外部复位信号，多单元规格的机器人上可以执行单元为单位，如仅复位异常时使用异常复位，在示教模式和再生模式中均有效。若在机器人自动运转停止过程中输入本信号，步骤编号将被清除（变为 0），可通过下一个启动输入从程序的开头开始运行。输入本信号时，应确认机器人从停止位置向程序的开头步骤移动过程中不会与周边任何物体产生干涉，如果有可能干涉，应先切换为示教模式，通过手动操作让机器人进入退避状态。

外部复位（U1~U9）处于 ON 时，在复位异常的同时使当前步骤变为 0。

（四）基本输出信号

1. 紧急停止中信号

该信号为按住紧急停止按钮或外部紧急停止按钮期间输出的电平信号。

紧急停止中信号处于 ON 的条件：按住紧急停止按钮或外部紧急停止按钮。

紧急停止中信号处于 OFF 的条件：解除紧急停止按钮或外部紧急停止按钮。

2. 再生模式信号

该信号为选择再生模式期间输出的电平信号。

再生模式信号处于 ON 的条件：选择再生模式时。

再生模式信号处于 OFF 的条件：选择再生模式以外的模式时。

3. 启动中信号（U1~U9）

该信号为启动中及 CHECK GO/BACK 时输出的电平信号，与启动指示灯亮起相一致。

启动中信号（U1~U9）处于 ON 的条件：对象单元启动时。

启动中信号（U1~U9）处于 OFF 的条件：对象单元非启动时。

4. 运转准备 ON 信号

该信号为接入伺服电源（运转准备）期间输出的电平信号。

运转准备 ON 信号处于 ON 的条件：接入伺服电源（运转准备）时。

运转准备 ON 信号处于 OFF 的条件：切断伺服电源（运转准备）时。

5. 作业原位置信号 1~32（U1~U9）

该信号为机器人位于确定的原位置时输出的电平信号。通过"常数设定""领域""作业原位置"最多可注册 32 类单元。

作业原位置信号 1~32（U1~U9）处于 ON 的条件：机器人位于指定的作业原位置时。

作业原位置信号 1~32（U1~U9）处于 OFF 的条件：机器人离开指定的作业原位置时。

6. 异常信号

该信号为发生错误、报警和显示任意一个时输出的电平信号。

异常信号处于 ON 的条件：发生错误、报警和显示任意一个时。

异常信号处于 OFF 的条件：错误、报警和显示解除时。

（五）I/O 区域映射

所谓 I/O 区域映射（图 4-3）功能，就是对于逻辑输入/输出信号与物理介质的分配对应，能将其自由更换的功能。若使用此功能，则可设置无软 PLC 介入的直接 I/O。

I/O 基板的信号为 8 位，现场总线的信号为 512 位，可更换映射。

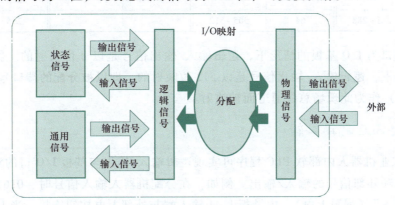

图 4-3 I/O 区域映射

工厂出货时一般按表 4-2 进行映射。

表 4-2 I/O 区域映射的出厂设定

物理端口	逻辑 I/O 信号	物理端口	逻辑 I/O 信号
I/O 基板 1(8 点×4)	1~8,9~16,17~24,25~32	现场总线 CH1(512 点)	161~672
I/O 基板 2(8 点×4)	33~40,41~48,49~56,57~64	现场总线 CH2(512 点)	673~1184
I/O 基板 3(8 点×4)	65~72,73~80,81~88,89~96	现场总线 CH3(512 点)	1185~1696
弧形 I/F 板(8 点×1)	97~104	现场总线 CH4(512 点)	1697~2208（实际上至 2048）

若使用 I/O 区域映射功能，则可按表 4-3 所示的方式更换。

表 4-3 I/O 区域映射设定更改示例

物理端口	逻辑 I/O 信号	说　明
I/O 基板 1(8 点×4)	1~8,9~16,17~24,25~32	与通常一样分配
I/O 基板 2(8 点×4)	—	不使用 I/O 基板 2 输入/输出
I/O 基板 3(8 点×4)	—	不使用 I/O 基板 3 输入/输出
弧形 I/F 板(8 点×1)	—	不使用弧形 I/O 基板输入/输出
现场总线 CH1(512 点)	33~544	现场总线 CH1 用作 33~544 的信号
现场总线 CH2(512 点)	545~1056	现场总线 CH2 用作 545~1056 的信号
现场总线 CH3(512 点)	—	与现场总线 CH3 不用作输入/输出
现场总线 CH4(512 点)	1057~1568	现场总线 CH4 用作 1057~1568 的信号

对于物理端口,指定分配逻辑信号的号码,以此设定映射。此时并非逐个记述逻辑信号的号码,而是以 8 位为一组的"端口号码"指定,见表 4-4。

表 4-4 I/O 区域映射设定使用的"端口号码"

端口	逻辑 I/O	端口	逻辑 I/O	端口	逻辑 I/O	端口	逻辑 I/O
1	1~8	37	289~296	…	…	250	1993~2000
2	9~16	38	297~304	…	…	251	2001~2008
3	17~24	39	305~312	…	…	252	2009~2016
4	25~32	40	313~320	…	…	253	2017~2024
5	33~40	41	321~328	…	…	254	2025~2032
…	…	…	…	…	…	255	2033~2040
36	281~288	64	505~512	…	…	256	2041~2048

在物理端口为 I/O 基板的情形下,逻辑输入/输出信号是以 8 位映射的。物理端口为现场总线的情形下,逻辑输入/输出信号是以 512 位映射的,即以被分配的端口号码连续 64 个端口(512 点)作为此现场总线通道而被映射。

(六) 软 PLC 程序编辑

NACHI 工业机器人内部软 PLC 程序可实现逻辑输入/输出与基板 I/O 口的对接,也可实现机器人状态和外部信号的输入/输出。例如,在分配机器人输入信号时,0161 分配为"外部运转准备投入"(伺服上电)。中继板上 I1 输入端与外部上电按钮连接,当 I1 输入端有输入信号时,软 PLC 将输入信号读入内部寄存器,并由 X1000 端输出给软继电器 0161,从而使机器人伺服上电。NACHI 机器人内部软 PLC 程序如图 4-4 所示。

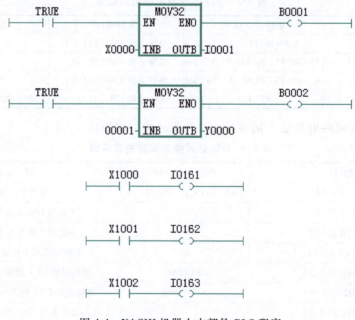

图 4-4 NACHI 机器人内部软 PLC 程序

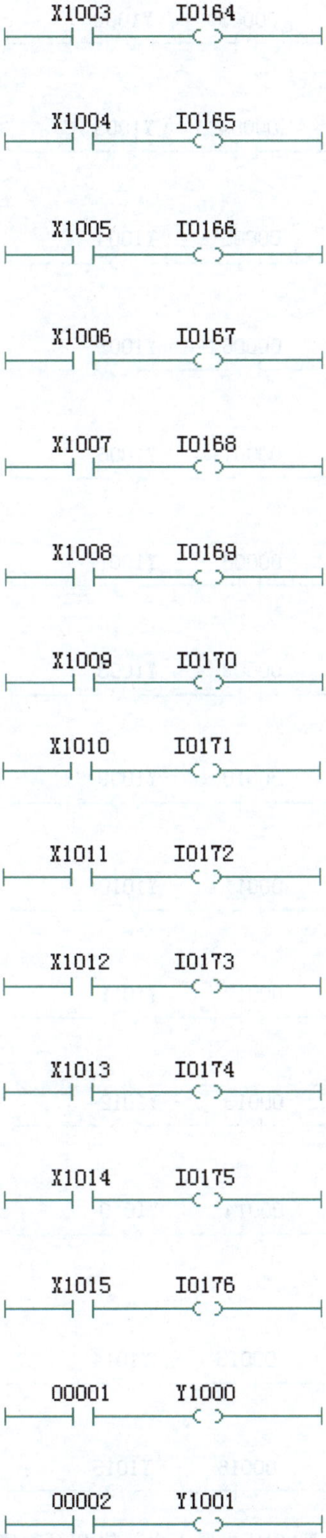

```
  X1003      I0164
───┤ ├───────( )───

  X1004      I0165
───┤ ├───────( )───

  X1005      I0166
───┤ ├───────( )───

  X1006      I0167
───┤ ├───────( )───

  X1007      I0168
───┤ ├───────( )───

  X1008      I0169
───┤ ├───────( )───

  X1009      I0170
───┤ ├───────( )───

  X1010      I0171
───┤ ├───────( )───

  X1011      I0172
───┤ ├───────( )───

  X1012      I0173
───┤ ├───────( )───

  X1013      I0174
───┤ ├───────( )───

  X1014      I0175
───┤ ├───────( )───

  X1015      I0176
───┤ ├───────( )───

  00001      Y1000
───┤ ├───────( )───

  00002      Y1001
───┤ ├───────( )───
```

图 4-4　NACHI 机器人内部软 PLC 程序（续）

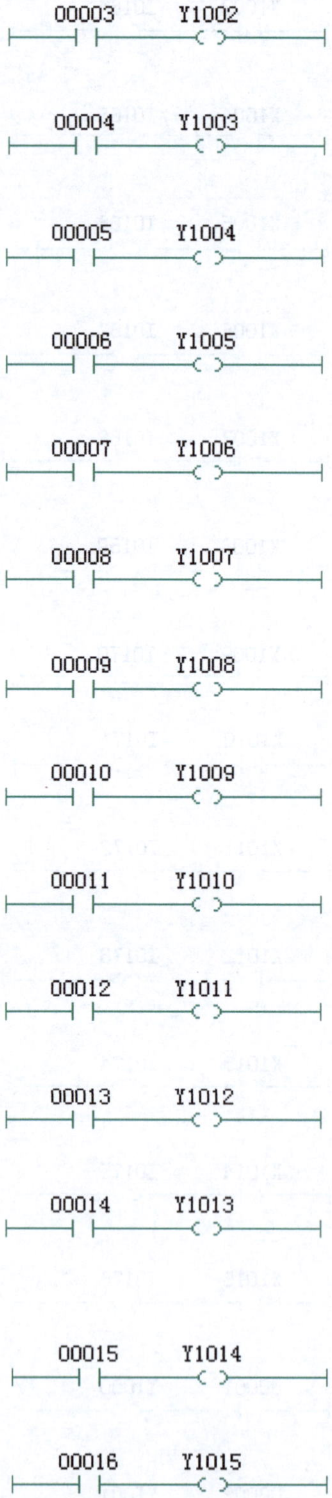

```
00003      Y1002
──┤├──────( )──

00004      Y1003
──┤├──────( )──

00005      Y1004
──┤├──────( )──

00006      Y1005
──┤├──────( )──

00007      Y1006
──┤├──────( )──

00008      Y1007
──┤├──────( )──

00009      Y1008
──┤├──────( )──

00010      Y1009
──┤├──────( )──

00011      Y1010
──┤├──────( )──

00012      Y1011
──┤├──────( )──

00013      Y1012
──┤├──────( )──

00014      Y1013
──┤├──────( )──

00015      Y1014
──┤├──────( )──

00016      Y1015
──┤├──────( )──
```

图 4-4　NACHI 机器人内部软 PLC 程序（续）

四、实践操作

（一）打磨轨迹规划

1. 运动规划和程序流程的制订

要完成打磨程序的示教编程，首先要进行运动规划，即要进行任务规划、动作规划和路径规划，如图 4-5 所示。

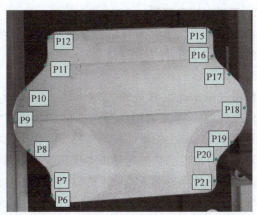

图 4-5 机器人轨迹规划

（1）任务规划　对工件 1 的非夹持边沿进行打磨，打磨后将工件 1 放回原处，因此机器人的动作可分解为抓取工件、打磨工件和放回工件三个环节。

（2）动作规划　每一个环节分解为机器人的一系列动作：抓取工件可以进一步分解为回原点、移到工件 1 上方安全点、移动到工件 1 抓取点以及抓取工件 1，打磨工件可以进一步分解为退到工件 1 上方安全点、移动到打磨工具侧安全点以及打磨工件点，放回工件可以进一步分解为退回至打磨工具侧安全点、退回至工件 1 上方安全点、退回至工件 1 抓取点以及释放工件 1。读者可参照图 3-10 自行进行运动规划图的绘制。

（3）路径规划　将每一个动作分解为机器人 TCP 运动轨迹，考虑到机器人姿态以及机器人与周围设备的干涉，每一个动作需要对应有一个点或多个点来形成运动轨迹，如回原点对应 HOME 点（P1），移到工件 1 上方安全点对应移动经过参考点 P2（中间点）至 P3 点，打磨工件点对应工件待打磨边沿的许多点以及工件换边时的中间点。轨迹路线为：P1→P2→P3→P4→P3→P5→P12→P11→P10→P9→P8→P7→P6→P13→P14→P21→P20→P19→P18→P17→P16→P15→P22→P3→P4→P2→P1。

2. 程序流程

工业机器人打磨程序的整个工作流程包括抓取工件、打磨工件和放回工件，程序流程如图 4-6 所示。

（二）示教前的准备

1. 参数设置（包含坐标模式、运动模式、速度）

项目一描述了 NACHI 工业机器人的三种坐标模式：轴坐标、机器人坐标和工具坐标。

选定轴坐标模式，可以手动控制机器人各轴单独运动；选定机器人坐标和工具坐标模式，可以手动控制机器人在相应坐标系下运动。

项目一指出了手动操作时手动速度/检查速度的设定，为安全起见，通常选用较低档速度。

在示教过程中，需要在一定的坐标模式和操作速度下手动控制机器人达到一定的位置，因此在示教运动指令前，必须选定好坐标模式和速度。

2. 工具坐标系测量

在本项目中，工具为气爪，参照项目一笔尖 TCP 测试，完成气爪的 TCP 测试。

3. I/O 配置

使用气爪来抓取和放回工件，气爪打开和关闭需要通过 I/O 接口信号控制，这里采用编号为 7 的 I/O 通信接口。气爪打开和关闭的状态由气缸上的磁性传感器感应，由上位机控制，机器人通过编号为 8 和 9 的 I/O 通信接口采集。打磨电动机的起动由上位机控制，机器人系统通过编号为 174 的 I/O 通信接口进行启动。机器人外部启动所需设置的输入信号 I/O 通信接口为：外部启动、外部全部停止、外部运转准备接入、外部复位的 I 通信接口分别为 163、164、161、165，运转准备 ON、启动中、紧急停止中、异常、再生模式的 O 通信接口分别为 161、162、163、164、165（图 4-7）。

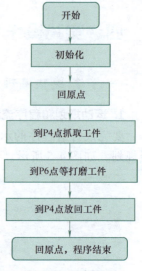

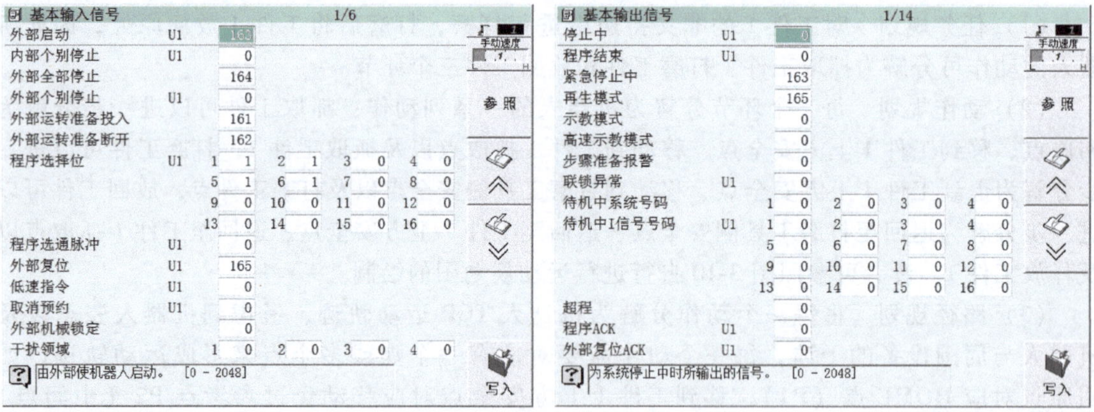

图 4-6 程序流程

图 4-7 基本输入/输出信号分配

4. 姿势变量定义

为减少点的示教作业，在图 4-8 中抓取点设置姿势变量，在项目三的姿势文件"50"中添加第三个姿势变量，如图 4-9 所示。

（三）打磨示教编程

1）在示教模式下，按<ENABLE>键和<PROG>键或者单击触摸屏上的"程序"，在调用程序栏输入一个新程序号，按回车键新建一个空程序"51"，如图 4-10 所示。按<R>键，输入"314"，按回车键，输入"12345"，按回车键，进入专家模式。

2）手动操作机器人回原点，即图4-5中的P1点。按<O.W/REC>键，添加JOINT指令，按编辑键对指令参数进行修改，单击"写入"，完成机器人回原点示教，如图4-11所示。

3）按<FN>键，输入"98"，按回车键，输入"50"，按回车键，选择姿势文件50，如图4-12所示。

4）手动操作机器人到中间点（P2点），如图4-13所示，按<O.W/REC>键，添加JOINT指令完成P2点示教，如图4-14所示。或者，复制原点（P1点）指令，将第六轴关节角度改为90°。

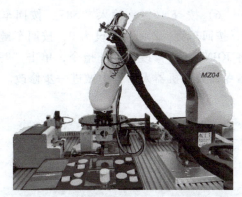

图4-8 抓取点（P4点）姿态

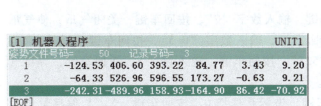

图4-9 姿势文件"50"

图4-10 新建文件

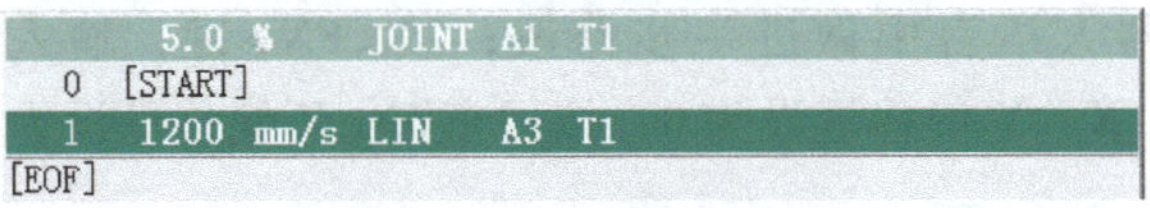

图4-11 添加回原点指令　　　　　图4-12 选择姿势文件50

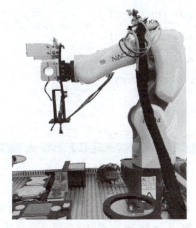

图4-13 到中间点（P2点）

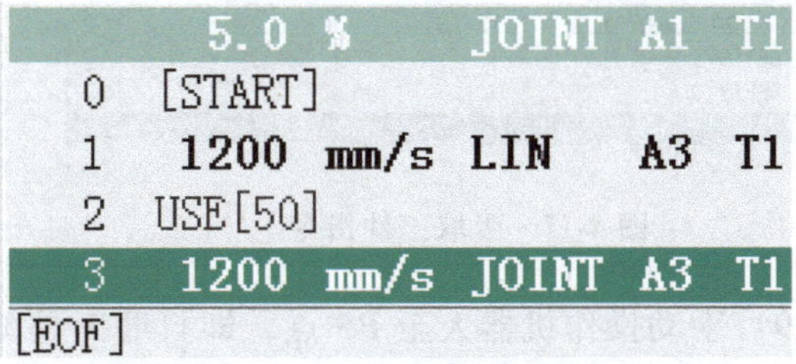

图4-14 中间点（P2点）指令添加

5）按<FN>键输入"58"，按回车键，坐标系选择0，按回车键，X、Y偏移量设为0，按回车键，Z偏移量设为50，按回车键。按<O.W/REC>键，添加JOINT指令。按编辑键，将JOINT指令修改为LIN指令，单击"写入"，完成添加P3点指令，如图4-15所示，此处指令需要在机器人语言中做进一步修改。

6）按<FN>键，输入"58"，按回车键，坐标系选择0，按回车键，X、Y偏移量设为0，按回车键，Z偏移量设为0，按回车键。按<O.W/REC>键，添加JOINT指令。按编辑键将JOINT指令修改为LIN指令，单击"写入"，完成添加P4点指令，如图4-16所示，此处指令需要在机器人语言中做进一步修改。

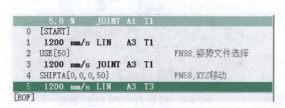

图4-15 添加P3点指令

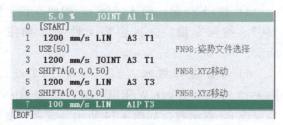

图4-16 添加P4点指令

7）按<FN>键，输入"32"，按回车键，输入数字"7"，按回车键，关闭气爪，使气爪夹紧工件。按<FN>键，输入"50"，按回车键，输入数字"0.5"，按回车键，延时0.5s，使工件被可靠夹紧；按<FN>键，输入"525"，按回车键，输入数字8，按回车键，等待气缸磁性传感器响应，指令如图4-17所示。

8）按<FN>键，输入"58"，按回车键，坐标系选择0，按回车键，X、Y偏移量设为0，按回车键，Z偏移量设为"50"，按回车键。按<O.W/REC>键，添加JOINT指令。按编辑键将JOINT指令修改为LIN指令，单击"写入"，完成添加P3点指令，使工件被抓取后的机器人返回第3点，此处指令需要在机器人语言中做进一步修改；按<FN>键，输入"58"，按回车键，坐标系选择0，按回车键，X、Y偏移量设为0，按回车键，Z偏移量设为0，按回车键，取消偏移，如图4-18所示。

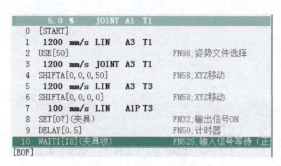

图4-17 吸取工件指令

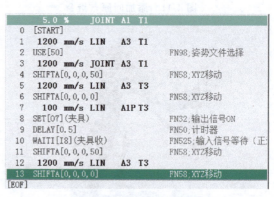

图4-18 添加P3点指令

9）手动操作机器人至P5点，即打磨工具侧安全点，调整机器人姿态，如图4-19所示，按<O.W/REC>键，添加JOINT指令。按编辑键对指令参数进行修改，单击"写入"，完成P5点示教，做好工件打磨准备，如图4-20所示。

10）按<FN>键，输入"32"，输入数字"174"，由上位机开启打磨电动机。为安全起见，在离打磨工具Z向上方和X方向一定距离，对工件一边P12～P6点进行打磨示教，如图4-21所示。添加LIN和CIR指令，另外在进入打磨之前添加偏移指令，如图4-22所示。

项目四　NACHI工业机器人打磨编程与操作

图 4-19　到 P5 点

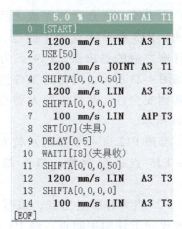

图 4-20　P5 点指令添加

```
            5.0 %       JOINT  A1   T1
  0  [START]
  1    1200 mm/s LIN        A3   T1
  2  USE[50]
  3    1200 mm/s JOINT      A3   T1
  4  SHIFTA[0, 0, 0, 50]
  5    1200 mm/s LIN        A3   T3
  6  SHIFTA[0, 0, 0, 0]
  7     100 mm/s LIN        A1P  T3
  8  SET[O7](夹具)
  9  DELAY[0.5]
 10  WAITI[I8](夹具收)
 11  SHIFTA[0, 0, 0, 50]
 12    1200 mm/s LIN        A3   T3
 13  SHIFTA[0, 0, 0, 0]
 14     100 mm/s LIN        A3   T3
[EOF]
```

a) 到P12点

b) 到P11点

c) 到P10点

d) 到P9点

e) 到P8点

f) 到P7点

g) 到P6点

图 4-21　示教 P12~P6 点

11）在 P12～P6 点示教完成之后，进行工件换边，P13 和 P14 点为中间点，P13 点为一边打磨之后的退出点，P14 点为打磨换边点，如图 4-23 所示。同时为工件另一边至打磨工具侧安全点，调整机器人姿态，指令如图 4-24 所示。

12）参照 P12 点～P6 点的示教方法，对 P21 点～P15 点进行示教，指令如图 4-25 所示。

13）P22 点为打磨退出点，如图 4-26 所示。或者放回工件的中间点，经 P3 点和 P4 点放回工件，指令如图 4-27 所示。

```
    5.0 %      JOINT  A1  T1
 9  DELAY[0.5]                    FN50;计时器
10  WAITI[I8](夹具收)              FN525;输入信号等待（正
11  SHIFTA[0,0,0,50]              FN58;XYZ移动
12   1200  mm/s  LIN   A3  T3
13  SHIFTA[0,0,0,0]               FN58;XYZ移动
14    100  mm/s  LIN   A3  T3
15  SET[O174](打磨电机)            FN32;输出信号ON
16  SHIFTA[0,-1.5,0,-45]          FN58;XYZ移动
17    100  mm/s  LIN   A3  T3
18    100  mm/s  LIN   A3  T3
19    100  mm/s  LIN   A3  T3
20    100  mm/s  CIR1  A3  T3
21    100  mm/s  CIR2  A3  T3
22    100  mm/s  LIN   A3  T3
23    100  mm/s  LIN   A3  T3
[EOF]
```

图 4-22　添加 P12～P6 点指令

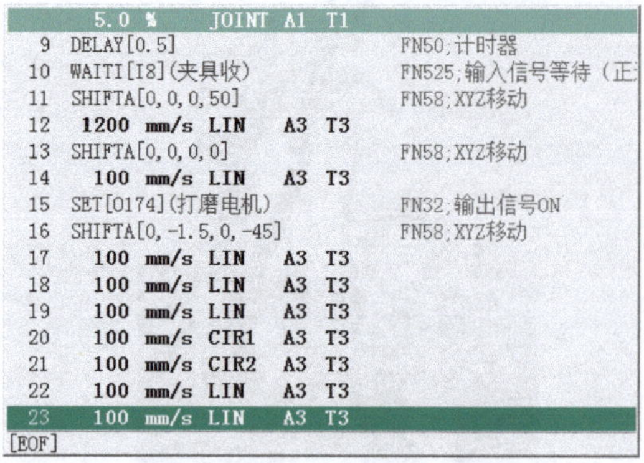

14）打磨工件 1 结束，机器人经 P3 点、P2 点、P1 点返回原点，指令如图 4-28 所示。

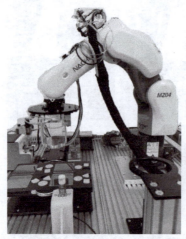

a) 到P13点　　b) 到P14点

图 4-23　示教 P13、P14 点

```
    5.0 %      JOINT  A1  T1
11  SHIFTA[0,0,0,50]              FN58;XYZ移动
12   1200  mm/s  LIN   A3  T3
13  SHIFTA[0,0,0,0]               FN58;XYZ移动
14    100  mm/s  LIN   A3  T3
15  SET[O174](打磨电机)            FN32;输出信号ON
16  SHIFTA[0,-1.5,0,-45]          FN58;XYZ移动
17    100  mm/s  LIN   A3  T3
18    100  mm/s  LIN   A3  T3
19    100  mm/s  LIN   A3  T3
20    100  mm/s  CIR1  A3  T3
21    100  mm/s  CIR2  A3  T3
22    100  mm/s  LIN   A3  T3
23    100  mm/s  LIN   A3  T3
24    500  mm/s  LIN   A3  T3
25    300  mm/s  LIN   A3  T3
[EOF]
```

图 4-24　P13、P14 点指令添加

```
    5.0 %      JOINT  A1  T1
18    100  mm/s  LIN   A3  T3
19    100  mm/s  LIN   A3  T3
20    100  mm/s  CIR1  A3  T3
21    100  mm/s  CIR2  A3  T3
22    100  mm/s  LIN   A3  T3
23    100  mm/s  LIN   A3  T3
24    500  mm/s  LIN   A3  T3
25    300  mm/s  LIN   A3  T3
26    100  mm/s  LIN   A3  T3
27    100  mm/s  LIN   A3  T3
28    100  mm/s  LIN   A3  T3
29    100  mm/s  CIR1  A3  T3
30    100  mm/s  CIR2  A3  T3
31    100  mm/s  LIN   A3  T3
32    100  mm/s  LIN   A3  T3
[EOF]
```

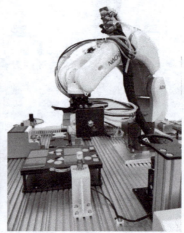

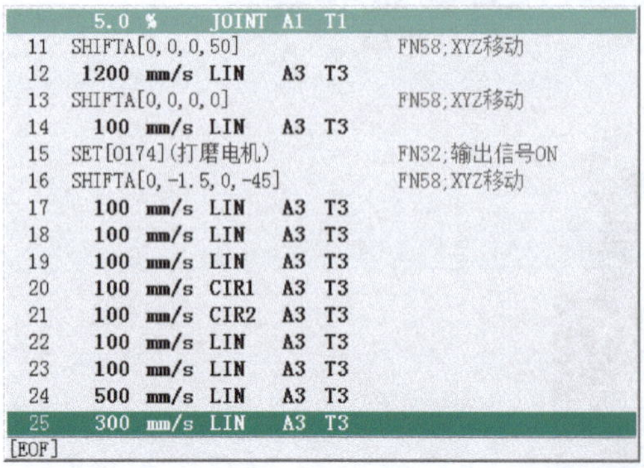

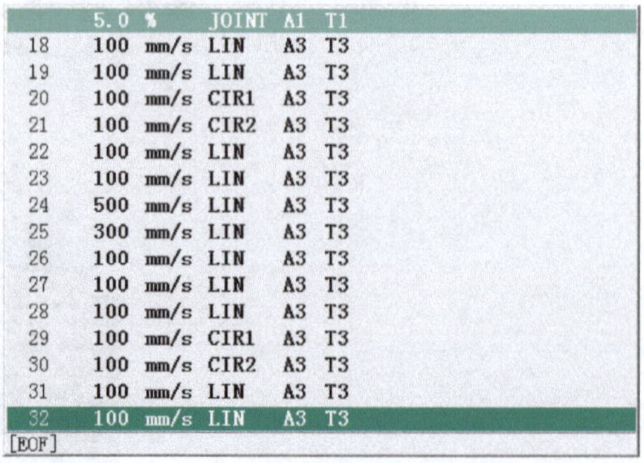

图 4-25　P21 点～P15 点指令添加

15）单击触摸屏左下角"维修"→"程序转换"→"语言转换",打开"语言转换"对话框,如图4-29所示。相继选择"语言形式→执行形式""语言（MOVE）""MZ04-01.051",即选择程序"51",在下方程序号码指示框中会显示"51"。单击右下角"执行",在弹出的"正常结束"对话框中直接按回车键,将程序"51"转化为机器人语言。

16）单击触摸屏左下角"维修"→"ASCII文件编辑",找到机器人语言程序"MZ04-01-A.051",单击触摸屏右下角"执行",可以对该语言程序进行编辑。将P3、P4点指令中的关节参数用P3代替,此P3即为姿势文件"50"中第3个姿势变量。如图4-30所示,单击触摸屏右下角"写入",在弹出的对话框中选择"可行",完成打磨程序"51"的修改。至此,工件1打磨程序完成。

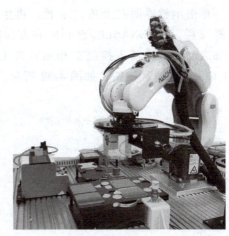

图 4-26　到 P22 点

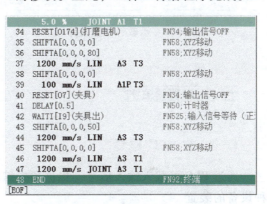

图 4-27　放回工件 1 指令　　　　　　　图 4-28　机器人返回原点指令

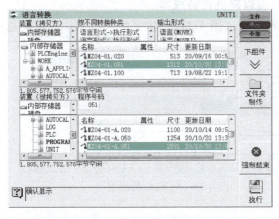

图 4-29　程序 51 机器人语言程序生成

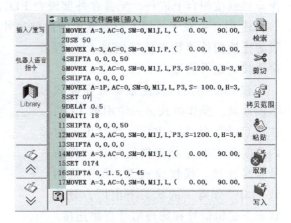

图 4-30　机器人语言程序编辑

17）进行手动运行程序,观察机器人的运行轨迹,注意运行速度以及机器人与平台的干涉,并进一步优化机器人姿态。自动运行程序,使机器人自行完成打磨任务。

单击示教界面左上角"示教、再生条件",在图 4-31 所示的界面中将光标移至"启动选择"栏,按<ENABLE>键和向右方向键,选择"外部",单击"写入",可以实现机器人外部启动。将机器人控制柜和示教器上的"示教/再生"模式开关转至再生,按工作台上"上电""启动"按钮,如图 4-32 所示,实现外部启动完成工件 1 打磨任务。

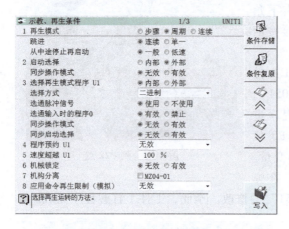

图 4-31 示教、再生条件

图 4-32 工作台上电、启动等按钮

五、问题探究

(一) 软 PLC 概述

通过 PLC 可载入输入信号,根据预先编制的程序使输入回路的接点 ON/OFF,以控制各种设备的装置。

软 PLC 将 PLC 所具备的功能融入机器人控制装置的软件中,其编程可以通过悬式示教作业操纵按钮台上进行,无需在外部设置 PLC,可以降低设备成本。

软 PLC 存在于机器人控制装置的内部和外界之间(图 4-33),将采用并行 I/O 或现场总线等连接的外界物理信号通过 PLC 程序连接到逻辑信号。

软 PLC 的出厂设定根据操作模式不同而异。操作模式 A:使用软 PLC,在"启动"状态下出厂,通过出厂时内藏的 PLC 程序将逻辑信号和物理信号直接连接。操作模式 B:在不使用软 PLC"分离"状态下出厂,分离状态下逻辑信号和物理信号直接连接。

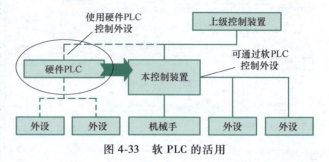

图 4-33 软 PLC 的活用

PLC 程序与作业程序无关,将始终进行扫描。

1. 软 PLC 的功能

软 PLC 的功能见表 4-5。

表 4-5　软 PLC 的功能

功能介绍	释　义
控制方式	循环扫描方式
编程语言	梯形图、功能块图、顺序功能图、结构化语句和指令表
命令种类	基本命令 12 种,应用命令 92 种
程序容量	32KB
处理时间	5～30ms
输入/输出继电器 （输入/输出变量）	逻辑输入（2048 点）、逻辑输出（2048 点）和物理输入（2176 点） 物理输出（2176 点）
内部继电器 （内部变量）	BOOL 变量（2000 点）、实数变量（200 点）、整数变量（500 点）、短整数变量（100 点）、 定时器变量（500 点）和文字变量（10 点）
操作、编辑	运转（可以进行分离、停止、启动的指定），监视器（可以进行通道监视器、梯形监视器 和轮辐监视器等），强制输出
编程工具	悬式示教作业操纵按钮台

2. 软 PLC 的操作流程

根据软 PLC 的结构，实际操作流程如下：

1) 使用悬式示教作业操纵按钮台，制作梯形图程序，保存到内部存储器。

2) 对于制作的显示图像文件执行"校验"，通过"校验"后，编译器首先检查有无语法错误等，再将其转换成执行格式，并交给运行时间引擎（执行扫描的软件）。

3) 立即开始执行（扫描）。

3. 输入/输出继电器

软 PLC 中将继电器（图 4-34）称为"变量"，执行 ON/OFF 的线圈接点与具备整数数据的均做同等处理。

在图 4-34 中，X 表示物理输入，Y 表示物理输出，I 表示逻辑输入，O 表示逻辑输出，B 表示 BOOL 变量，R 表示实数变量，D 表示整数变量，DB 表示短整数变量，TM 表示定时器变量，ST 表示字符串变量。

输入/输出继电器的种类见表 4-6，逻辑或物理输入/输出信号与软 PLC 的输入/输出继电器编号的对应关系可参阅选购件操作说明书。内部继电器的种类见表 4-7。

表 4-6　输入/输出继电器的种类

输入/输出继电器名称	点数	说　明
逻辑输入	2048 点	从软 PLC 来看,是控制装置侧的输入输出信号,所有均为用户 I/O
逻辑输出	2048 点	
固定输入	32 点	物理输入/输出信号,伺服 ON/OFF 等的控制装置内部控制所使用的输入/输出信号
固定输出	32 点	
标准输入	32 点	物理输入/输出信号,作为选购件装备的 I/O 基板的连接器 CNIN（输入）及 CNOUT（输出）的输入/输出信号
标准输出	32 点	
增设输入	64 点	物理输入/输出信号,作为选购件装备的 I/O 基板（2、3）的连接器 CNIN（输入）及 CNOUT（输出）的输入/输出信号
增设输出	64 点	
现场总线输入	2048 点	物理输入/输出信号,作为选购件装备的 DeviceNet、Profibus、RIO 等的现场总线用输入/输出信号。最多可安装 4 个通道的现场总线
现场总线输出	2048 点	

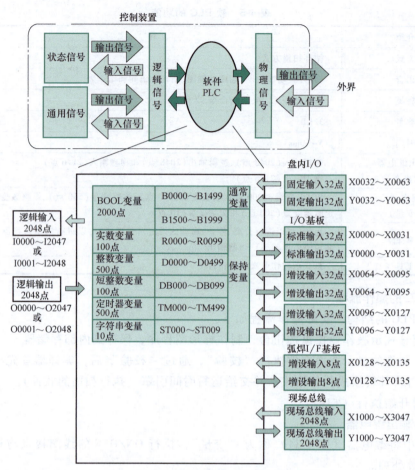

图 4-34 输入/输出继电器、内部继电器

表 4-7 内部继电器的种类

内部继电器名称	点数	说　　明
BOOL 变量	2000 点	仅具备 ON 或 OFF（TRUE 或 FALSE）的状态变量，相当于以往的内部辅助继电器
实数变量	100 点	具备实数（浮动小数点）型的连续值的变量（单精度 float）
整数变量	500 点	具备整数型的连续值的变量（-2147483648~2147483647）
定时器变量	500 点	具备定时器型的连续值的变量（0~23h59m59s999ms）
字符串变量	10 点	字符串（ASCII 代码），最大为半角 255 个文字
通常变量		切断电源后会被复位的变量，BOOL 变量当中的一部分（B0000~B1499）为通常变量
保持变量		即使切断电源也可以保持内容的变量，上述的 B0000~B1499 以外全部

（二）软 PLC 指令概述

软 PLC 可以使用基本命令和应用命令。基本命令包括 A 接点、B 接点、上升沿接点等。以"B"接点为例，如图 4-35a 所示，它表示接点的右侧连接线的状态是接点左侧的连接线

和分配给接点的变量的反转值之间的逻辑积。在软PLC中，把比较命令或定时器命令等标准配备的应用命令称为"LD块"，通过编号或名称进行输入。LD块用方形块（功能块）显示，它总是具备输入和输出。以"MOV32"为例，如图4-35b所示，将以INB为前头的连续32个BOOL变量的值代入以OUTB为前头的32个BOOL变量。

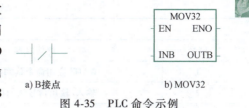

a) B接点　　　　　　　　　　b) MOV32

图4-35　PLC命令示例

六、知识拓展——机器人在打磨作业中的应用

手动打磨对工人的技术要求高、效率低、工人劳动强度大、环境恶劣、打磨产品质量不均匀，甚至容易造成废品。自动打磨效率高，产品打磨外观均匀，可降低工人的劳动强度也可避免人为因素造成废品，是现在市场的主流趋势。

打磨抛光机器人用于替代传统人工进行工件的打磨抛光工作，主要用于工件的表面打磨、棱角去毛刺、焊缝打磨、内腔内孔去毛刺以及孔口螺纹口的加工等，可用于卫浴五金（图4-36）、汽车零部件、工业零件制造、医疗器械、木质家具制造和民用产品等领域。其主要优点：提高打磨质量，减小产品表面粗糙度值；提高生产率，一天可24h连续生产；改善工人的劳动条件，可在有害环境下长期工作；降低对工人操作技术的要

图4-36　机器人在水龙头自动打磨抛光生产线中的应用

求，缩短产品改型换代的周期，减少相应的设备投资；具有可再开发性，用户可根据不同样件进行二次编程；具有可长期进行打磨作业、保证产品的高生产率、高质量和高稳定性等特点。

七、评价反馈

评价表见表4-8。

表4-8　评价表

基本素养（30分）				
序号	评估内容	自评	互评	师评
1	纪律（无迟到、早退、旷课）(10分)			
2	安全规范操作(10分)			
3	团结协作能力、沟通能力(10分)			

(续)

理论知识(30分)				
序号	评估内容	自评	互评	师评
1	WAITI应用命令认知(5分)			
2	输入/输出信号认知(5分)			
3	基本输入信号认知(5分)			
4	基本输出信号认知(5分)			
5	I/O区域映射认知(5分)			
6	软PLC认知(5分)			
技能操作(40分)				
序号	评估内容	自评	互评	师评
1	打磨轨迹规划操作(10分)			
2	气爪坐标系测试(5分)			
3	I/O配置(5分)			
4	打磨示教编程(10分)			
5	打磨外部启动运行(10分)			
综合评价				

八、练习题

1. 填空题

1）输入/输出信号按方向分为_____、_____、_____和_____。
2）程序通过外部启动，需要设置_____、_____、_____和_____。
3）软PLC输入/输出继电器包括_____、_____和_____。
4）软PLC的操作流程为_____、_____、_____和_____。

2. 操作题

编程并实现从外部启动机器人系统，对图4-1所示的工件2进行打磨操作。

项目五 NACHI工业机器人分拣编程与操作

一、学习目标

1) 了解工业机器人分拣的基本知识。
2) 理解 NACHI 工业机器人语言编程指令（SOCKCREATE、SOCKCLOSE 和 GETBYTE）整数、实数和姿势等变量。
3) 掌握应用命令 FN676、FN90、FN80 和 FN68 等。
4) 掌握套接字及其编程方法、用户任务编程和软 PLC 编程方法。
5) 能使用示教器进行工业机器人的基本操作和编程。
6) 能安全启动工业机器人系统，并在遵守安全操作规程的前提下进行机器人操作。
7) 能够进行用户坐标系的测试和姿势文件的制作。
8) 能根据分拣任务进行工业机器人的运动规划、工具坐标系的测定、示教编程、程序的手动调试、自动运行和外部运行。

二、工作任务

（一）任务描述

如图 5-1 和图 5-2 所示，NACHI 工业机器人从平台 1 吸取黄色工件（8 个），经视觉系

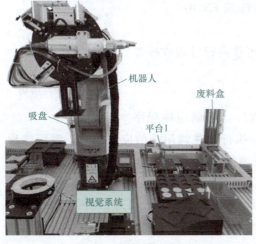

图 5-1 分拣作业平台

a) 分拣前　　　　　　b) 分拣后

图 5-2 分拣工件放置

统识别后，4个成品工件放入对应位置，4个废品放入废料盒。

（二）所需设备和材料

NACHI 工业机器人分拣工作站，如图5-1所示。

（三）技术要求

1）示教模式下，机器人的速度倍率通常不超过3档；自动模式下，机器人的速度倍率通常选用较低的档位。
2）机器人与周围任何物体不得有干涉。
3）示教器不得随意放置，不得跌落，以免损坏触摸屏。
4）不能损坏吸盘、视觉系统。
5）分拣过程中，工件不得与周围物体有任何干涉。
6）气体压强在 0.5MPa 左右。

三、知识储备

（一）IF、GOTO、CALLP 等命令介绍

1. IF（条件）

IF 命令的 FN 码为 676，它通常与 ELSEIF、ELSE 或 ENDIF 命令配合使用，如图5-3所示。条件成立时，控制转移到下一命令；条件不成立时，控制转移到 ELSEIF、ELSE 或 ENDIF。

IF 命令的条件成立时，控制转移到命令1，执行命令1、命令2、…、命令 I，然后控制转移到 ENDIF；IF 命令的条件不成立时，控制转移到 ELSEIF，ELSEIF 命令的条件成立时，执行命令 J、…、命令 K，然后控制转移到 ENDIF；ELSEIF 命令的条件不成立时，控制转移到 ELSE，执行命令 L、…、命令 M，然后控制转移到 ENDIF。

```
IF 条件表达式
命令1
命令2
…
命令I
ELSEIF 条件表达式
命令J
…
命令K
ELSE
命令L
…
命令M
ENDIF
```

图5-3 IF 条件语句

2. GOTO（跳跃到指定的行）

GOTO 命令的 FN 码为 90，用于将控制无条件转移到行号码或标签所显示的行。

3. CALLP（调用指定的程序）

CALLP 命令的 FN 码为 80，用于调用指定的程序。若调用端程序使用了 CALLP 命令，执行调用命令后，程序立即会执行跳往调用端的应用命令，调用端程序的再生结束（END）后，即返回至原调用程序的调用命令的下一步骤。CALLP 调用示例如图5-4所示。

在程序1的步骤4使用 CALLP 命令，程序调用（FN80），程序号码为2。再生时，机器人达到步骤4后跳过步骤5和6，转至程序2的初始步骤；程序2的再生结束后，返回至原调用程序1的调用命令的步骤5。

4. INH（先执行禁止）

INH 命令的 FN 码为 310，使用此应用命令时，先执行禁止。

5. LETR（移位量代入）

LETR 命令的 FN 码为 68，使用此命令可在指定的移位计数器设定移位量数据。所指定的移位计数器虽已被 SHIFTR（FN52）等命令使用，但不影响其动作，以 LETR 命令指定的值可被设置于移位计数器。被设置的移位值将在随后的 SHIFTR（FN52）再生时生效。

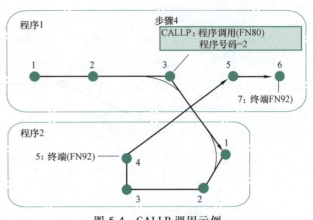

图 5-4　CALLP 调用示例

例如：执行 LETR［R1，100，100，100，10，11，12］后的移位计数器的值，移位计数器的请求旗标必须是 0，设定旗标必须是 1，X～θZ 可存储以参数指定的值（表 5-1）。

表 5-1　LETR 示例

	已设置于移位计数器的状态下执行时			移位计数器为初始状态下执行时	
参量	LETR 执行前	LETR 执行后	参量	LETR 执行前	LETR 执行后
请求旗标	0	0	请求旗标	0	0
设定旗标	1	1	设定旗标	0	1
X	110	100	X	0	100
Y	120	100	Y	0	100
Z	130	100	Z	0	100
θX	5	10	θX	0	10
θY	6	11	θY	0	11
θZ	7	12	θZ	0	12

R1 表示移位量数据的移位计数器号码（1~9），X 表示 X 方向的移位量值，Y 表示 Y 方向的移位量值，Z 表示 Z 方向的移位量值，θX 表示绕 X 轴的旋转量，θY 表示绕 Y 轴的旋转量，θZ 表示绕 Z 轴的旋转量。

6. SHIFTR（移位 2）

SHIFTR 命令的 FN 码为 52，用于指定移位动作的开始/结束。指定移位动作开始时，即以指定的移位计数器所存储的移位量进行移位动作。使用此命令时，机器人程序的记录位置被指定的移位计数器根据其所存储的移位量数据一边移位一边再生。要移动的坐标系可从"机器人坐标""工具坐标""用户坐标"或"世界坐标"中选择。被指定的移位计数器未设定移位量数据时，可使其向退避步骤跳跃，也可不退避而立即停止机器人运动。

如图 5-5 所示，指令参数释义见表 5-2，在开始移位的位置（步骤 N）记录移位开始，在结束移位的位置（步骤 N+2）记录移位结束。再生时，机器人达到步骤 N 后，读取 FN52 指定的移位计数器的内容，并向目标位置（步骤 N+1）移位，直到移位结束的位置（步骤 N+2），同样以被记录移位的位置为目标而动作。

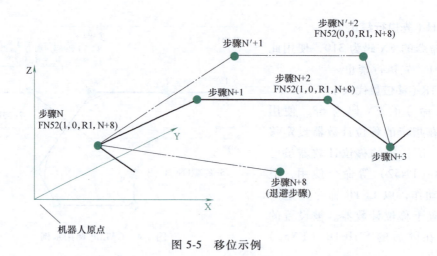

图 5-5 移位示例

表 5-2 移位参数释义

序号	名称	释 义
第 1 参数	开始/结束	指定移位动作的开始/结束
第 2 参数	坐标系	指定进行移位的坐标系
第 3 参数	计数器编号	指定移位计数器号码(1~9)
第 4 参数	退避步骤	所指定的移位计数器若未设定移位量数据,指定其退避步骤号码

7. LETVI(整数变量代入)

LETVI 命令的 FN 码为 75,此命令用于将值代入指定的整数变量计数器。

8. SOCKCREATE(创建套接字)

SOCKCREATE 命令的 FN 码为 570,此命令用于创建套接字。使用套接字功能进行通信时,必须在执行其他套接字功能前执行这个命令。参数释义见表 5-3。

表 5-3 创建套接字参数释义

序号	名称	释 义
第 1 参数	套接字编号	指定要使用的套接字编号。若与已有套接字编号重复,系统报错(1~16)
第 2 参数	TCP/UDP	指定 0 采用 TCP,指定 1 采用 UDP(0~1)

9. SOCKCONNECT(与服务器进行连接)

SOCKCONNECT 命令的 FN 码为 574。采用 TCP 时,该命令可用于连接服务器;采用 UDP 时不会连接服务器,但需要通过该命令设定 IP 地址。参数释义见表 5-4。

表 5-4 与服务器进行连接的参数释义

序号	名称	释 义
第 1 参数	套接字编号	指定要使用的套接字编号,指定为未知套接字编号时,系统报错(1~16)
第 2 参数	IP 地址	指定服务器 IP 地址的末尾字节,前面 3 个字节使用与本控制装置 TCP/IP 的设定相同的字节(1~254)
第 3 参数	端口编号	指定服务器的待机端口(1~65535)
第 4 参数	超时时间	以秒为单位设定等待连接超时(0~20)

10. SOCKSENDSTR（字符串发送）

SOCKSENDSTR 命令的 FN 码为 576，用于发送指定的字符串，可以附加标识字符串结束的终止符。未连接时，如果对方已关闭，则系统报错。对方未执行关闭处理就切断，由于无法立即识别对方切断，因此在执行此命令时，系统有可能不会报错，参数释义见表 5-5。

表 5-5　字符串发送参数释义

序号	名称	释　义
第 1 参数	套接字编号	指定要使用的套接字编号，指定为未知套接字编号时，系统报错（1~16）
第 2 参数	字符串	指定要发送的字符串数据，可以以字符串变量和常数进行指定
第 3 参数	发送数据长度	以字节为单位指定要发送数据的长度（0~199）
第 4 参数	超时时间	以秒为单位设定等待连接超时（0~20）
第 5 参数	整数变量	指定写入已发送数据大小的变量
第 6 参数	终止字符	指定要发送字符串末尾附加的终止符

11. SOCKRECV（数据接收）

SOCKRECV 命令的 FN 码为 577，用于接收数据。根据 TCP 和 UDP 的不同，该命令的动作有所变化。

使用 TCP 时，在下列情况下，SOCKRECV 命令将结束。

1）实际接收的数据大于设定数据的长度。

2）通信伙伴关闭了套接字。

3）超时。

接收小于设定长度的数据时，需再次等待接收数据。重复接收数据，累计超过设定数据的长度后，命令结束。

使用 UDP 时，在下列情况下，SOCKRECV 命令结束。

1）接收数据。

2）超时。

使用 UDP 时，已接收的数据将被保存在缓冲区，并结束命令。因此，实际接收的数据长度有可能小于指定的数据长度。另外，实际接收的数据长度大于指定的数据长度时，将缩减超出的部分，并反馈错误。完成数据接收后，通过执行 SOCKSEND 命令，可以回复已发送数据的通信伙伴。完成数据接收后，如果需要向其他通信设备发送数据，可以使用 SOCKCONNECT 命令再次设定接入点。数据接收参数释义见表 5-6。

表 5-6　数据接收参数释义

序号	名称	释　义
第 1 参数	套接字编号	指定要使用的套接字编号，指定为未知套接字编号时，系统报错（1~16）
第 2 参数	缓冲区编号	指定保存已接收数据的缓冲区编号（1~16）
第 3 参数	接收数据长度	以字节为单位指定要接收数据的长度（0~1024）
第 4 参数	超时时间	以秒为单位设定等待连接超时（0~20）
第 5 参数	整数变量	指定数据接收后写入已收发缓冲区数据大小的整数变量

12. GETBYTE（缓冲读取）

GETBYTE 命令的 FN 码为 587，用于从缓冲区任意位置读取 1B 数据，保存到任意的整数变量（0~255 的值）。参数释义见表 5-7。

表 5-7 缓冲读取参数释义

序号	名称	释义
第 1 参数	缓冲区编号	指定读取数据的缓冲区编号（1~16）
第 2 参数	整数变量	指定保存读取值的整数变量
第 3 参数	起始地址	指定读取缓冲区的开头位置，从指定的位置读取 1B 数据（0~1024）

13. SOCKCLOSE（关闭套接字）

该命令用于清除通过 SOCKCREATE 命令创建的套接字，使其形成可以再次使用的状态。在程序中，不执行 SOCKCLOSE 命令就结束使用套接字时，自动执行将关闭。

（二）用户任务

1. 用户任务的概念

用户任务是令使用机器人语言（未与机器人同步动作）创建的程序与机器人动作程序并行动作的功能，如图 5-6 所示。通过并行执行耗时的计算和机器人的动作，可以缩短周期时间。另外，可以在示教器（TP）界面上放置窗口，显示各种状态。

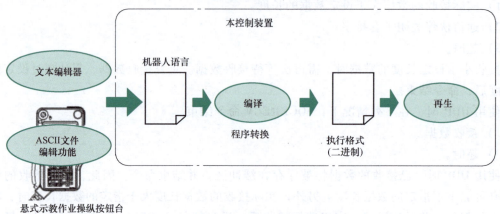

图 5-6 从用户任务程序的创建到再生

2. 用户任务监视器

最多可以同步运行 4 个用户任务。用户任务通过 1~4 的编号进行管理，通过用户任务监视器可以确认动作状态。有时可以通过用户任务程序的再生对机器人的动作施加影响。可以通过用户任务监视器确认负荷（表 5-8）后执行再生操作。

表 5-8 负荷级别显示

负荷级别	内容
蓝色	此负荷级别不会影响机器人动作
黄色	此负荷级别有可能影响机器人的动作
红色	此负荷级别有较大影响机器人动作的可能性。可以通过采用降低优先级、在用户任务程序中输入 PAUSE 命令等方法解决

用户任务可以设定优先级，如图 5-7 所示。可以在用户任务监视器分别设定任务编号 1~4 的优先级。通过设定优先级，并通过用户任务的动作，可以使本控制装置的系统承载负荷和再生速度保持平衡。可以设定 1（低）~5（高）共 5 个优先级。优先级 1 对其他处理的影响较小，将一般在后台运行的用户任务的优先级设为 1，可以减小对作业程序再生的影响。如果用户任务的优先级设

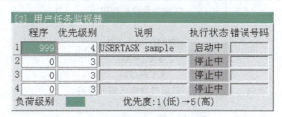

图 5-7　用户任务监视器

定为 5，由于可以执行高速处理，因此对于机器人要等待计算处理结束后才进行动作的情形，可以缩短周期时间。

3. 创建用户任务程序

创建用户任务程序与创建机器人语言程序相同。在用户任务程序中，虽然可以使用常用的机器人语言，但也有无法使用的命令，无法使用的命令如下：

1) 机器人的动作相关命令，如 MOVEX 等移动命令、LEFTY 等姿势控制命令等。
2) 各种应用的相关命令，如点焊、弧焊和密封相关命令等。
3) 调用用户任务的程序调用命令。
4) 部分信号输入/输出命令。

4. 启动用户任务程序

启动用户任务程序有 4 种方法，见表 5-9。启动方法不同，用户任务的再生内容也不同，启动方法为"电源接通时启动"及"从用户任务监视器启动"时，由于动作连续，无法通过 END 结束。若要在 1 个周期中结束用户任务程序，可以用 EXIT 命令代替 END 命令。

表 5-9　启动方法和再生内容

启动方法	再生内容
电源接通时启动	执行 END 命令时，将返回至步骤 0 进行连续再生
从用户任务监视器启动	
从软件启动	执行 END 命令时，将结束用户任务程序的再生
从函数启动	

（三）输入变量

以位（bit）或字节（byte）为单位（1byte=8bit）处理输入端口的变量，见表 5-10。输入信号变量仅用于参照，不能写入。

表 5-10　输入信号变量

	以位为单位处理时	以字节为单位处理时
范围	In, I[n] n=1~2048（可使用变量） 0,1	IBn, IB[n] n=1~205（可使用变量） 0~1023（IB[205]时为 0~255）

(续)

	以位为单位处理时	以字节为单位处理时
示例	WAIT I[1],1,1 命令:WAIT FN 码:525 名称:带定时器输入信号等待 输入信号:1 等待时间:0 待避步骤:0	WAITAD IB[1],255,0,100 命令:WAITAD FN 码:558 名称:带定时器字节信号等待 BCD(AND) 字节号码:1 条件:255 等待时间:0 待避步骤:100

(四)套接字通信

1. 概述

套接字界面功能是通过用户任务程序使用各种命令进行以太网通信而创建的用户任务程序,可通过以太网从控制装置外部执行各种数据的参照和重写操作。

例如:通过个人计算机监控控制装置的整数变量,通过视觉装置等更改移位寄存器的值(图 5-8),通过个人计算机监控采用 SYSTEM 函数获取机器人或控制装置的状态。

只能通过用户任务程序使用套接字界面功能,无法通过作业程序使用该功能。需要通过作业程序使用通信功能时,可以使用"FN671 CALLMCR"从作业程序中调用用户任务程序。

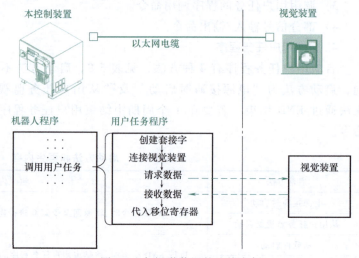

图 5-8 与视觉装置的连接实例

2. 术语

1)套接字:用于创建 TCP/IP 网络程序的函数组,可定义网络连接、数据发送和数据接收等函数。一般情况下,利用以太网连网时,通过套接字进行定义。在本控制装置中,将这些函数由机器人语言转换为可使用的方式,从而进行以太网通信,如图 5-9 所示。

2)端口编号:通信设备中用于识别通信服务的编号,由于用于识别功能,所以无法分配重复的端口编号,因此,本控制装置内已使用的端口编号无法再使用。另外,由于 1~1024 的编号一般被常用服务(FTP、HTTP 等)占用,因此无法使用。

3)TCP/IP。通过网络进行通信时,无论以何种形式进行通信,如果通信设备之间互相不能识别,将无法进行通信。TCP/IP 是通信相关协议之一,综合了常用的以太网通信协议。通过本功能,可以进行执行 TCP、UDP 的通信。

4)TCP。TCP 是一种高可靠性的通信协议。在 TCP 下,为了提高通信的可靠性,会确认通信伙伴是否收到数据,如果没有收到,会再次发送相同数据,或判读网络的流量,降低数据传输速度。

5）UDP。UDP 是用于高速通信的通信协议。在 UDP 下，省去了 TCP 下对数据传输的确认，由此可以实现高速的通信处理。但是，即使通信伙伴没有收到数据，也无法进行检测。

6）字节序：表示处理数据时数据的排列顺序。通信通常以 1B 为单位发送数据。1B 只能表示 0~255，需要表示 10000 等大于 255 的数值时，必须按照 10000 = 39×256+16 拆分为 39/16，即 1B 单位后再进行发送。此时，从高字节（39）发送或从低字节（16）发送的排列顺序称为字节序。

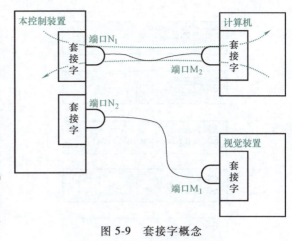

图 5-9　套接字概念

从高字节发送时，称为大端序；从低字节发送时，称为小端序。如果在收发数值数据时使用本功能，将以大端序进行发送和接收。

7）字节。一般情况下，8 位二进制为 1B。通信处理的数据大小以 1B 为最小单位。

8）服务器/客户端。通信时，接受对方的连接要求，提供服务或功能的程序称为服务器。另外，要求连接服务器的程序称为客户端。

3. 套接字功能

套接字功能一般通过缓冲区与网络交换数据。与缓冲区交换数据的操作采用专用命令。本控制装置中，可以同时定义含有 1~16 号的 16 个套接字。另外，1024B 大小的缓冲区可以使用 1~16 号的 16 个套接字。

发生通信相关错误时，套接字功能向错误变量中写入错误，以结束通信。在通信相关错误中，无法停止程序再生。套接字功能步骤完成后，可以观察错误变量，以确认通信状态。

1 个套接字可以使用多个缓冲区，多个套接字也可以使用 1 个缓冲区，但此时需要执行使用 I 等待等的互锁，以避免同时访问。

用户任务通常可以是多个，能够同时启动相同程序。但在套接字通信中，由于无法创建相同编号的套接字，因此无法同时启动。

套接字程序的流程如图 5-10 所示，即使是复杂程序，基本上也可以沿用这个流程。

1）客户端的套接字程序一般按照图 5-10a 所示的步骤执行。

① 创建套接字。

② 连接服务器指定的端口。

③ 发送请求。向服务器发送服务（数据回复、登录等）的请求信息。

④ 接收响应。接收请求的服务执行状态或请求的数据等。

⑤ 关闭套接字。释放使用过的套接字编号。

2）服务器的套接字程序一般按照图 5-10b 所示的步骤执行。

① 创建套接字。

② 分配端口编号。指定等待连接客户端的端口编号。

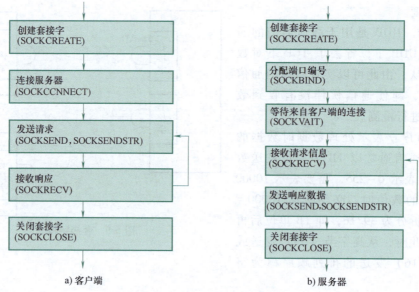

图 5-10 套接字程序的流程

③ 等待来自客户端的连接。停止程序，直到接收到来自客户端的连接请求。
④ 接收请求信息。接收来自客户端的信息。
⑤ 发送响应数据。根据来自客户端的请求，发送响应信息。
⑥ 关闭套接字。释放使用过的套接字编号。

（五）软 PLC 程序编辑

在项目四软 PLC 程序的基础上，增加如图 5-11 所示的 PLC 程序，实现拍照数据的收集。

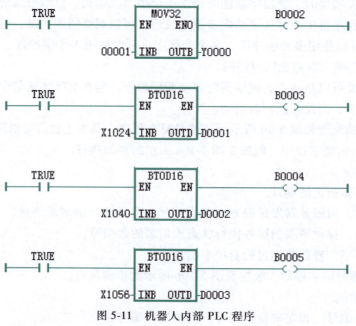

图 5-11 机器人内部 PLC 程序

四、实践操作

（一）分拣轨迹规划

1. 运动规划和程序流程的制订

要完成分拣程序的示教编程，首先要进行运动规划，即要进行任务规划、动作规划和路径规划，如图 5-12 所示。

（1）**任务规划** 为了将分拣平台上的工件搬运至视觉系统进行识别，并将工件放置于对应位置，机器人分拣动作可分解为吸取工件、识别工件和放置工件三个环节。

（2）**动作规划** 每一个环节分解为机器人的一系列动作：吸取工件可以进一步分解为回原点、移到工件上方安全点、移动到工件吸取点以及吸取工件，识别工件可以进一步分解为退到工件上方安全点和移动到视觉系统上方识别点，放置工件可以进一步分解为移动至放置区上方安全点、移动至放置区放置点以及释放工件。参照图 3-10 自行进行运动规划图的绘制。

（3）**路径规划** 将每一个动作分解为机器人 TCP 的运动轨迹。考虑到机器人姿态以及机器人与周围设备的干涉，每一个动作需要对应有一个或多个点来形成运动轨迹，如回原点对应 HOME 点（P1），移到工件上方安全点对应移动经过参考点 P2（中间点）至 P3 点。吸取工件轨迹路线为：P1→P2→P4→P3 或 P1→P2→P6→P5 或…或 P1→P2→P18→P17，识别工件轨迹路线为：P4→P2→P1→P19 或 P6→P2→P1→P19 或…或 P18→P2→P1→P19，放置废品工件轨迹路线为：P19→P1→P2→P20→P21，放置成品工件轨迹路线为 P19→P1→P2→P23→P22 或 P19→P1→P2→P25→P24 或…或 P19→P1→P2→P29→P28。

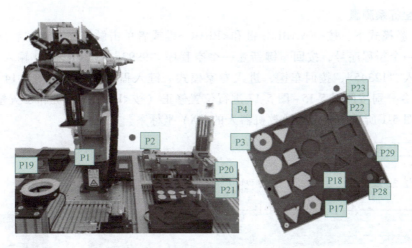

图 5-12 机器人轨迹规划

2. 程序流程

工业机器人分拣程序的整个工作流程包括吸取工件、识别工件和放置工件，程序流程如图 5-13 所示。

(二) 示教前的准备

1. 参数设置（包含坐标模式、运动模式、速度）

项目一描述了 NACHI 工业机器人的三种坐标模式：轴坐标、机器人坐标和工具坐标，选定轴坐标模式，可以手动控制机器人各轴单独运动；选定机器人坐标和工具坐标模式，可以手动控制机器人在相应坐标系下运动。

项目一指出了手动操作时手动速度/检查速度的设定，为安全起见，通常选用较低档速度。

在示教过程中，需要在一定的坐标模式和操作速度下手动控制机器人达到一定的位置，因此在示教运动指令前，必须选定好坐标模式和速度。

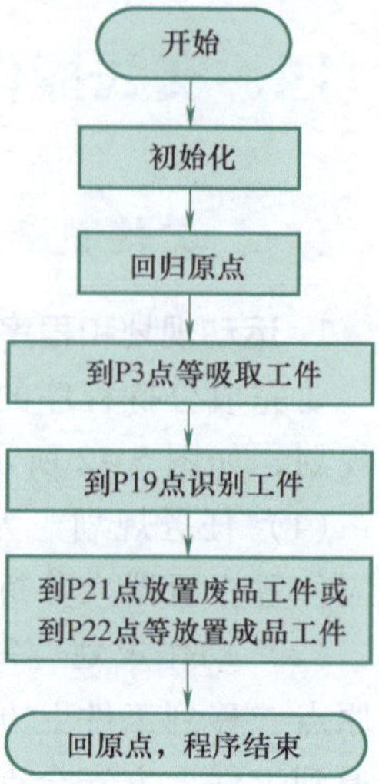

2. 工具坐标系测量

在本项目中，工具为吸盘，参照项目一笔尖 TCP 测试，完成吸盘的 TCP 测试。

3. I/O 配置

使用吸盘来吸取和释放工件，吸盘真空发生器打开和关闭需要通过 I/O 接口信号控制，这里采用编号为 5 的 I/O 通信接口控制吸盘开启，采用编号为 6 的 I/O 通信接口控制光源开启。照相机拍照的启动由上位机控制，机器人通过编号为 171 和 172 的 I/O 通信接口进行启动，识别软件由计算机开启并控制。机器人外部启动所需设置的输入信号 I/O 通信接口为：外部启动、外部全部停止、外部运转准备投入、外部复位的 I 通信接口分别为 163、164、161、165，运转准备 ON、启动中、紧急停止中、异常、再生模式的 O 通信接口分别为 161、162、163、164、165（图 4-7）。

4. 用户坐标系测量

1) 在示教模式下，按<ENABLE>键和<PROG>键或者单击触摸屏上的"程序"，在调用程序栏输入一个新程序号，按回车键新建一个空程序"9992"。按<R>键，输入"314"，按回车键，输入"12345"，按回车键，进入专家模式。键入程序指令，如图 5-14 所示，并对第 2~4 行指令分别按照图 5-15~图 5-17 进行位置修正（按<ENABLE>键和位置修正键）。至此，完成在图 5-1 所示的平台上示教机器人的 OXY 坐标系。

图 5-13　程序流程

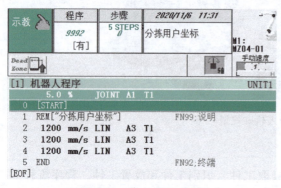

图 5-14　建立 9992 程序

图 5-15　修正原点（O）

项目五　NACHI工业机器人分拣编程与操作

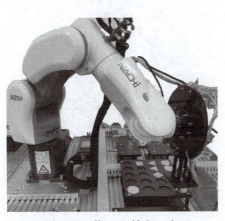

图 5-16　修正 X 轴向一点

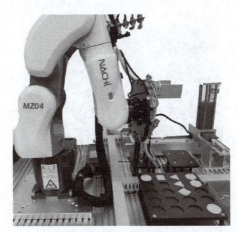

图 5-17　修正 Y 轴向一点

2) 单击示教器屏幕上的"维修",选择"用户坐标系登记",在程序栏中输入"9992",按回车键,在步骤中选择"OXY",单击右下角"写入",完成 2 号用户坐标系的登记(图 5-18)。

3) 单击示教器屏幕上的"常数设定"→"操作和示教条件"→"正交坐标系登记",将光标移至"坐标系 3",按<ENABLE>键和向右方向键选择"用户",将光标移至"坐标系 3 的用户坐标 No.",在文本框中输入数字"2",按回车键,单击右下角"写入",完成 2 号正交坐标系的登记(图 5-19)。

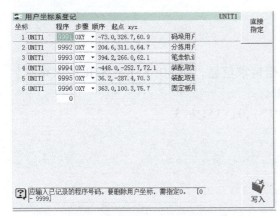

图 5-18　用户坐标系登记

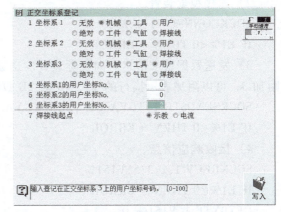

图 5-19　2 号正交坐标系登记

5. 姿势变量的定义

为减少点的示教操作,在图 5-20 中吸取点和图 5-21 中放置点设置姿势变量。在项目三姿势文件"50"中添加第四个和第五个姿势变量,如图 5-22 和图 5-23 所示。

6. 从视觉装置获取数据(客户端程序)

从视觉装置获取偏离量,代入移位寄存器所使用的程序。与视觉装置的通信采用字符串的形式,并将表示换行的字符串当作分隔符。视觉装置接收到"GVA002 [换行]"的请求后,首先执行错误响应,然后发送偏离量。

1) 创建套接字。

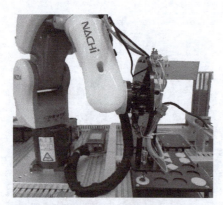

图 5-20　吸取点（P3 点）姿态

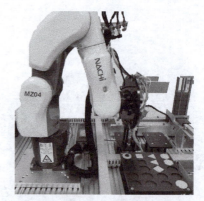

图 5-21　放置点（P22 点）姿态

[1] 机器人程序　UNIT1

姿势文件号码=　50　记录号码=　4

1	-124.53	406.60	393.22	84.77	3.43	9.20
2	-64.33	526.96	596.55	173.27	-0.63	9.21
3	-242.31	-489.96	158.93	-164.90	86.42	-70.92
4	380.65	355.95	392.52	93.14	2.30	7.31

[EOF]

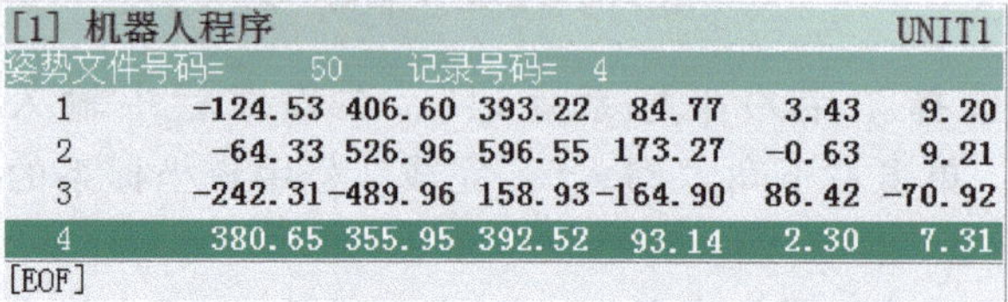

图 5-22　姿势文件“50”中第四个姿势变量

[1] 机器人程序　UNIT1

姿势文件号码=　50　记录号码=　5

1	-124.53	406.60	393.22	84.77	3.43	9.20
2	-64.33	526.96	596.55	173.27	-0.63	9.21
3	-242.31	-489.96	158.93	-164.90	86.42	-70.92
4	380.65	355.95	392.52	93.14	2.30	7.31
5	220.77	355.93	392.52	93.14	2.31	7.31

[EOF]

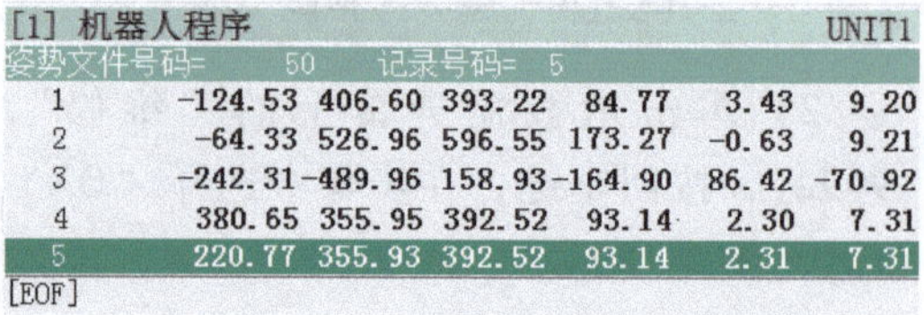

图 5-23　姿势文件“50”中第五个姿势变量

```
SOCKCREATE 1,0
IF E1%<0 THEN IF E1%<0 THEN ＊ERROR
```

2）连接视觉装置。

```
SOCKCONNECT 1,1,23,5
IF E1%<0 THEN ＊ERROR
```

3）发送数据请求信息。向视觉装置发送数据请求信息，在 SOCKSENDSTR 的末尾参数附加 3，可以附加表示换行的 13、10 的 2B 数据。

```
SOCKSENDSTR 1,"GVA002",LEN("GVA002"),0,V151%,3
IF E1%<0 THEN ＊ERROR
```

4）接收响应信息。

```
SOCKRECV 1,1,3,5,V151%
IF E1%<0 THEN ＊ERROR
GETBYTE 1,V151%,0
IF V152%<>49 THEN ＊ERROR
```

5）接收数据。获取逐个字符的数据，并发送数据，直到收到分隔符为止。

```
＊GET_DATA
SOCKRECV 1,1,1,5,V151%
IF E1%<0 THEN ＊ERROR
GETBYTE 1,V151%,0
IF 13=V151% THEN ＊GET_DATA_END
V10$ = V10$ + CHR$(V151%)
GOTO ＊GET_DATA
```

* GET_DATA_END
SOCKRECV 1,1,1,5,V151%

6）代入移位寄存器。使用普通函数将字符串转换为数值，并作为 Y 方向的偏移量代入移位寄存器 1。
V1% = VAL(V10 $)
R1 = (0,V1%,0,0,0,0)
SOCKCLOSE 1
EXIT

7）错误处理。发生异常时，在 TP 上显示错误代码 3s 后结束程序。
* ERROR
WINDOW 1,1,100,100
PRINT #0,STR $ (E1%)
SOCKCLOSE 1
PAUSE 5000
EXIT

（三）分拣示教编程

程序是机器人执行某种任务而设置的动作顺序的描述，它保存了机器人运动轨迹所需的指令和数据。

1）在示教模式下，按<ENABLE>键和<PROG>键或者单击触摸屏上的"程序"，在调用程序栏输入一个新程序号，按回车键新建一个空程序"52"，如图 5-24 所示。按<R>键，输入"314"，按回车键，输入"12345"，按回车键，进入专家模式。

2）手动操作机器人回原点，即图 5-12 中的 P1 点，如图 1-26 所示，按<O.W/REC>键，添加 JOINT 指令，按编辑键对指令参数进行修改，单击"写入"，完成机器人回原点示教，如图 5-25 所示。

图 5-24 新建文件

3）按<FN>键，输入"98"，按回车键，输入"50"，按回车键，选择姿势文件 50，如图 5-26 所示。

图 5-25 回"原点"指令添加

图 5-26 选择姿势文件 50

4）按<FN>键，输入"604"，按回车键，设置循环指令参数，如图 5-27 所示，单击"写入"，开始机器人对 8 个工件的循环分拣指令编程，如图 5-28 所示。

5）按<FN>键，输入"113"，按回车键，输入"2"，按回车键，坐标系切换为 2 号用

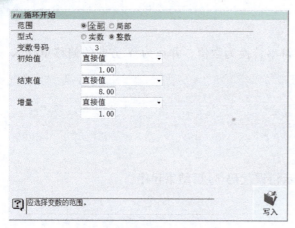

图 5-27 循环指令参数设置　　　　图 5-28 添加循环指令 FOR

户坐标系。手动操作机器人到中间点（P2 点），如图 5-29 所示。按<O.W/REC>键，添加 JOINT 指令，按编辑键，将 JOINT 指令修改为 LIN 指令，单击"写入"，完成 P2 点示教，如图 5-30 所示。或者复制原点（P1 点）指令，将第六轴关节角度改为-90°。

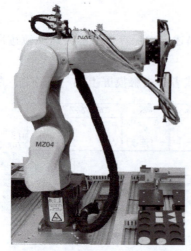

图 5-29 到中间点（P2 点）　　　　图 5-30 中间点（P2 点）指令添加

6）按<FN>键输入"686"，按回车键，按<ENABLE>键和编辑键，在软键盘输入参数"V3%"，单击"确定"，开始 SWITCH 指令编程。按<FN>键，输入"687"，按回车键，输入数字"1"，再按回车键，完成 CASE 指令编程。按<FN>键，输入"76"，按回车键，输入变量"104"，按回车键，输入值"0"，按回车键键，完成代入实数变量指令，即第一个工件的 X 坐标。按<FN>键，输入"76"，按回车键，输入变量"105"，按回车键，输入值"0"，按回车键，完成代入实数变量指令，即第一个工件的 Y 坐标。按<FN>键，输入"688"，按回车键，完成 BREAK 指令，即跳出第一个 CASE 指令。用同样的方法，根据待分拣工件间的间距，完成其他 7 个工件的偏移值的赋值。按<FN>键，输入"689"，按回车键，结束 SWITCH 指令编程，如图 5-31 所示。注意：此处指令需要在机器人语言中做进一步修改。

项目五　NACHI工业机器人分拣编程与操作

[1] 机器人程序	UNIT1		[1] 机器人程序	UNIT1
50.0 % JOINT A1 T1			21 LETVF [V105!,0]	FN76;代入实数变量
5 1200 mm/s LIN A3 T1			22 BREAK	FN688;BREAK
6 SWITCH V3%	FN686;SWITCH		23 CASE 5	FN687;条件
7 CASE 1	FN687;条件		24 LETVF [V104!,50]	FN76;代入实数变量
8 LETVF [V104!,50]	FN76;代入实数变量		25 LETVF [V105!,40]	FN76;代入实数变量
9 LETVF [V105!,0]	FN76;代入实数变量		26 BREAK	FN688;BREAK
10 BREAK	FN688;BREAK		27 CASE 6	FN687;条件
11 CASE 2	FN687;条件		28 LETVF [V104!,50]	FN76;代入实数变量
12 LETVF [V104!,50]	FN76;代入实数变量		29 LETVF [V105!,40]	FN76;代入实数变量
13 LETVF [V105!,0]	FN76;代入实数变量		30 BREAK	FN688;BREAK
14 BREAK	FN688;BREAK		31 CASE 7	FN687;条件
15 CASE 3	FN687;条件		32 LETVF [V104!,50]	FN76;代入实数变量
16 LETVF [V104!,50]	FN76;代入实数变量		33 LETVF [V105!,40]	FN76;代入实数变量
17 LETVF [V105!,0]	FN76;代入实数变量		34 BREAK	FN688;BREAK
18 BREAK	FN688;BREAK		35 CASE 8	FN687;条件
19 CASE 4	FN687;条件		36 LETVF [V104!,50]	FN76;代入实数变量
20 LETVF [V104!,50]	FN76;代入实数变量		37 LETVF [V105!,40]	FN76;代入实数变量
			38 BREAK	FN688;BREAK
			39 ENDS	FN689;SWITCH 终端
			[EOF]	

图 5-31　8个工件分拣 SWITCH 指令添加

7）按<FN>键，输入"58"，按回车键，坐标系选择2，按回车键，X、Y偏移量分别设为104和105，按回车键，Z偏移量设为20，按回车键。按<O.W/REC>键，添加JOINT指令，按编辑键，将JOINT指令修改为LIN指令，单击"写入"，完成P4等几个点的指令添加，如图5-32所示。使机器人运动至相应工件位置上方的安全点，此处指令需要在机器人语言中做进一步修改。

8）按<FN>键，输入"58"，坐标系选择2，X、Y偏移量分别设为104和105，Z偏移量设为0。按<O.W/REC>键，添加JOINT指令，按编辑键将JOINT指令修改为LIN指令，单击"写入"，完成P3等几个点的指令添加，如图5-33所示。使机器人运动至相应工件吸取点，此处指令需要在机器人语言中做进一步修改。

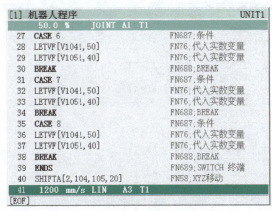

图 5-32　P4 等几个点的指令添加

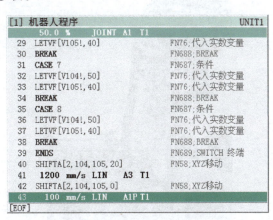

图 5-33　P3 等几个点的指令添加

9）按<FN>键，输入"32"，按回车键，输入数字"5"，按回车键，打开真空发生器，使吸盘吸取工件；按<FN>键，输入"50"，按回车键，输入数字"0.5"，按回车键，延时0.5s，使工件被可靠吸住；按<FN>键，输入"525"，按回车键，输入数字"6"，按回车键，增加真空发生器负压反馈信号，指令如图5-34所示。

10）按<FN>键，输入"58"，按回车键，坐标系选择2，按回车键，X、Y偏移量分别设为 104 和 105，按回车键，Z 偏移量设为 50，按回车键。按<O.W/REC>键，添加 JOINT 指令，按编辑键将 JOINT 指令修改为 LIN 指令，单击"写入"，完成 P4 等几个点的指令添加。工件被吸取后使机器人返回第 4 点，此处指令需要在机器人语言中做进一步修改。按<FN>键，输入"58"、按回车键，坐标系选择 2，按回车键，X、Y 偏移量设为 0，按回车键，Z 偏移量设为 0，按回车键，取消偏移，如图 5-35 所示。

图 5-34　吸取工件

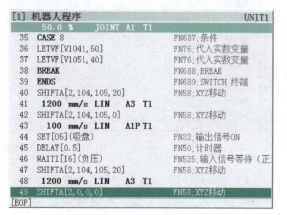

图 5-35　P4 等几个点的指令

11）分别手动操作机器人运动至 P2 点和 P1 点，此处为机器人由 P4 等几个点至 P19 点的中间点。按<O.W/REC>键，添加 JOINT 指令，按编辑键，将 JOINT 指令修改为 LIN 指令，单击"写入"，完成 P2 点和 P1 点的指令添加。同时手动操作机器人至 P19 点，注意工件平面与光圈平面保持平行以及两者之间的距离，机器人姿态如图 5-36 所示，添加的指令如图 5-37 所示。

图 5-36　到 P19 点

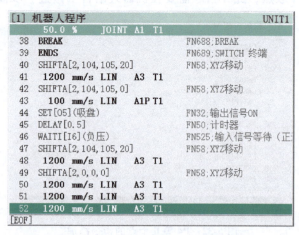

图 5-37　P2、P1 和 P19 点的指令添加

12）按<FN>键，输入"32"，按回车键，输入数字"6"，按回车键，打开视觉光源。按<FN>键，输入"50"，输入数字"0.5"，延时 0.5s。按<FN>键，输入"32"，按回车键，输入数字"171"，按回车键，给上位机发拍照信号。按<FN>键，输入"525"，按回车键，输入数字"176"，按回车键，等待上位机发回已拍照信号，按<FN>键，输入"80"，按回车键，输入数字"100"，按回车键，调用子程序"100"，接收拍照数据。按<FN>键，输入

项目五　NACHI工业机器人分拣编程与操作

"34",按回车键,输入数字"171",按回车键,给上位机发取消拍照信号,指令如图5-38所示。

13) 按<FN>键,输入"76",按回车键,输入变量"121",按回车键,输入"103",按回车键,完成代入实数变量指令,将寄存器中工件信息数据赋给变量,此处指令需要在机器人语言中做进一步修改。按<FN>键,输入"76",按回车键,按<ENABLE>键和编辑键,输入"V103!=20000",单击"写入",判断工件是否为废品。按<FN>键,输入"34",按回车键,输入数字"6",按回车键,关闭视觉光源,机器人经 P1 点、P2 点、P20 点、P21 点

图 5-38　拍照接收工件信息指令

(图 5-39) 将废品放置于回收盒。按<FN>键,输入"34",按回车键,输入数字"5",按回车键,关闭真空发生器,回收废品工件。按<FN>键,输入"50",输入数字"0.5",延时0.5s,使废品工件被可靠丢弃。按<FN>键,输入"90",按回车键,按<ENABLE>键与编辑键,输入"废品工件回收完成",单击"写入",程序跳转。按<FN>键,输入"679",按回车键,结束 IF 语句添加,指令如图 5-40 所示。

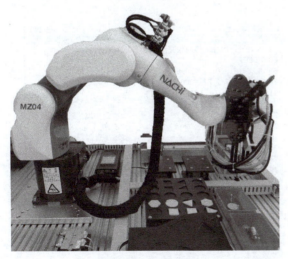

图 5-39　到 P21 点　　　　图 5-40　废品工件回收指令

14) 按<FN>键,输入"68",按回车键,寄存器输入"1",按回车键,X 和 Y 偏移量分别设为 102 和 103,Z 偏移量以及 X、Y 旋转量设为 0,Z 旋转量设为 103。按<FN>键,输入"52",按回车键,输入数值"1",按回车键,坐标系选择 2,按回车键,寄存器选择 1,按回车键,退避步骤输入"10000",机器人姿态为 P19 点,按<O. W/REC>键,添加 JOINT指令。按编辑键,将 JOINT 指令修改为 LIN 指令,单击"写入",完成 P19 点的指令添加,完成工件第一次拍照后的姿态修改。按<FN>键,输入"52",按回车键,输入数值"0",按回车键,坐标系选择 2,按回车键,寄存器选择 1,按回车键,退避步骤输入"10000",

113

取消偏移,指令如图 5-41 所示,此处指令需要在机器人语言中做进一步修改。

15)按<FN>键,输入"32",按回车键,输入数字"172",按回车键,给上位机发二次拍照信号;按<FN>键,输入"310",按回车键,禁止机器人动作;按<FN>键输入"50",输入数字"0.5",延时0.5s;按<FN>键,输入"525",按回车键,输入数字"176",按回车键,等待上位机发回已拍照信号;按<FN>键,输入"80",按回车键,输入数字"100",按回车键,调用子程序"100",接收二次拍照数据;按<FN>键,输入"34",按回车键,输入数字"172",按回车键,给上位机发取消拍照信号,指令如图 5-42 所示。

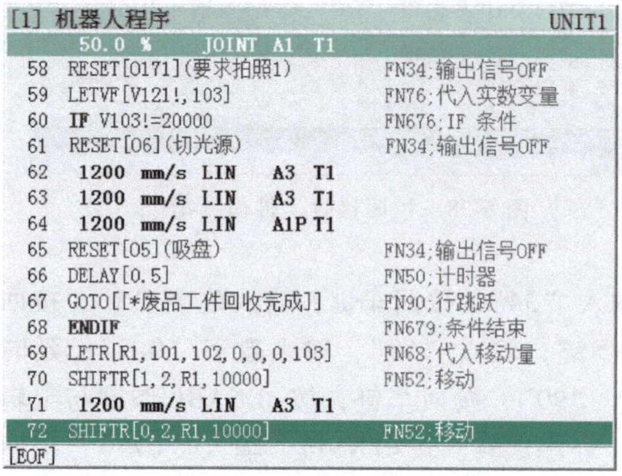

图 5-41　一次拍照后机器人姿态调整指令

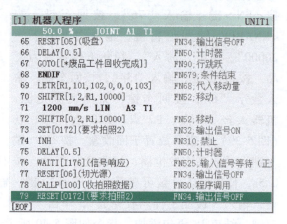

图 5-42　二次拍照指令

16)手动操作机器人经过 P1、P2 点,添加指令如图 5-43 所示。P1、P2 点为准备放置成品工件的中间点。

17)按<FN>键,输入"76",按回车键,输入变量"103",按回车键,输入值"103",按回车键,完成代入实数变量指令,将寄存器中工件信息数据修改后赋给变量;按<FN>键,输入"68",按回车键,寄存器输入"2",按回车键,X 和 Y 偏移量分别设为 102 和 103,Z 偏移量以及 X、Y 旋转量设为 0,Z 旋转量设为 103;按<FN>键,输入"52",按回车键,输入数值"1",按回车键,坐标系选择 2,按回车键,寄存器选择 2,按回车键,退避步骤输入"10000"。按<FN>键,输入"58",按回车键,坐标系选择 2,X、Y 偏移量分别设为 0,Z 偏移量设为 50。按<O.W/REC>键,添加 JOINT 指令。按编辑键,将 JOINT 指令修改为 LIN 指令。单击"写入",将机器人移至 P23 点等,即成品工件放置点上方的安全点,指令如图 5-44 所示,此处指令需要在机器人语言中做进一步修改。

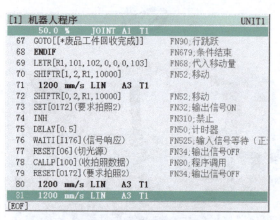

图 5-43　P1、P2 点指令添加

18)按<FN>键,输入"58",按回车键,坐标系选择 2,X、Y 偏移量分别设为 0,Z 偏移量设为 0;按<O.W/REC>键,添加 JOINT 指令,按编辑键,将 JOINT 指令修改为 LIN 指令,单击"写入",使机器人移至 P22 点等,即成品工件放置点,此处指令需要在机器人语言中做进一步修改。按<FN>键，输入"34"，输入数字"5"，关闭真空发生器，放置工件。按<FN>键，输入"50"，输入数字"0.5"，延时0.5s，使工件被可靠放置，指令如图5-45所示。

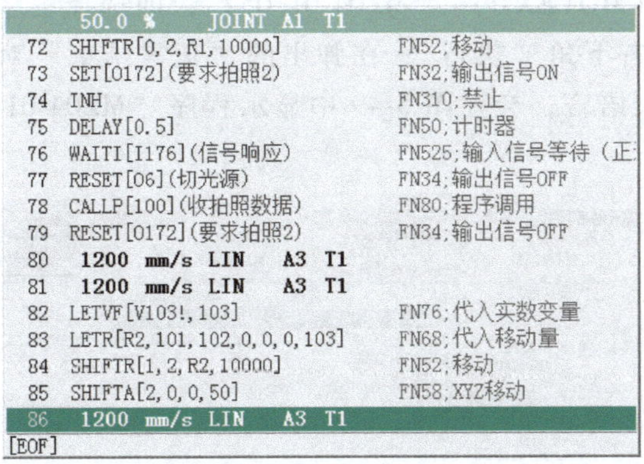

图 5-44 机器人移至成品工件放置点上方安全点指令

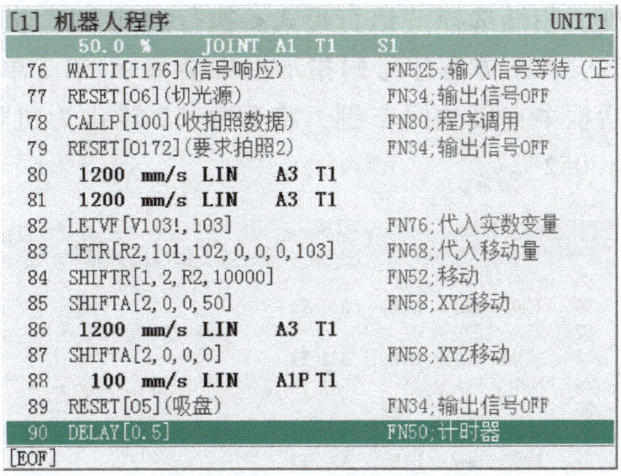

图 5-45 机器人至放置点释放工件

19）按<FN>键，输入"58"，坐标系选择2，X、Y偏移量设为0，Z偏移量设为50。按<O. W/REC>键，添加JOINT指令，按编辑键，将JOINT指令修改为LIN指令，单击"写入"，完成P23等几个点的指令添加，使机器人返回至相应工件位置上方安全点，此处指令需要在机器人语言中做进一步修改。按<FN>键，输入"58"，坐标系选择2，X、Y偏移量设为0，Z偏移量设为0，取消偏移。按<FN>键，输入"52"，按回车键，输入数值"0"，按回车键，坐标系选择2，按回车键，寄存器选择2，按回车键，退避步骤输入"10000"，取消偏移，指令如图5-46所示。

20）按<FN>键，输入"601"，按回车键，按<ENABLE>键和编辑键，输入"废品工件回收完成"，单击"写入"，添加程序跳转标签。按<FN>键，输入"605"，按回车键，添加NEXT指令，结束FOR循环，指令如图5-47所示。至此，完成机器人对工件的分拣编程。

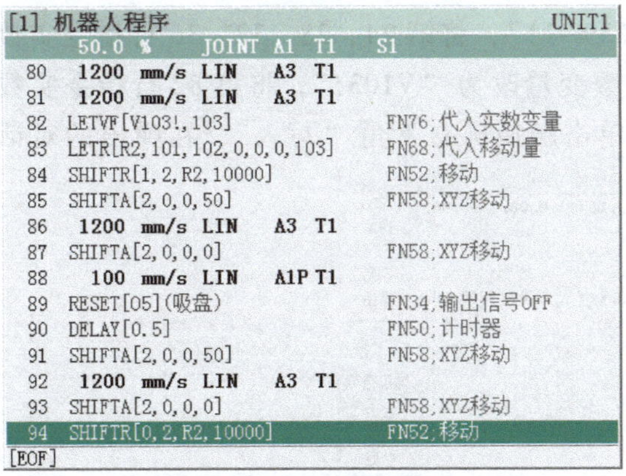

图 5-46 放置成品工件后机器人至工件上方安全点及取消偏移指令

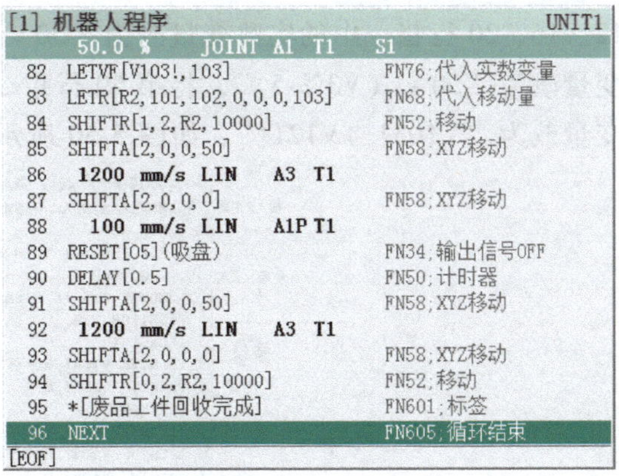

图 5-47 结束工件分拣FOR循环指令

21）手动操作机器人经P2点、P1点，按<O. W/REC>键，添加JOINT指令，按编辑键将JOINT指令修改为LIN指令，单击"写入"，完成P2点、P1点的指令添加，使机器人回原点。按<FN>键，输入"92"，按回车键，添加 END 指令，结束程序编辑，指令如图 5-48 所示。

22）单击触摸屏左下角"维修"→"程序转换"→"语言转换"，打开"语言转换"对话框。相继选择"语言形式<-执行形式""语言（MOVEX-J）""MZ04-01.052"，即选择程序 52，在下方程序号码指示框中会显示 52。单击右下角"执行"，在弹出的"正常结束"对话框中直接按回车键，将程序 52 转化为机器人语言，会在图 5-49 中显示程序"MZ04-01-A.052"。

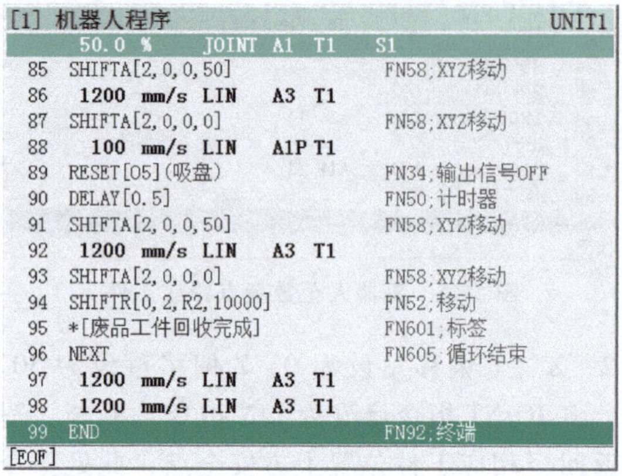

图 5-48　结束程序及机器人回原点指令

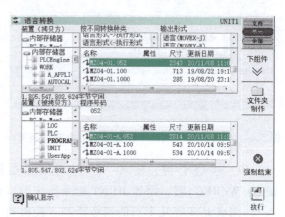

图 5-49　程序 52 机器人语言程序生成

23）单击触摸屏左下角"维修"→"ASCII 文件编辑"，找到机器人语言程序"MZ04-01-A.052"；单击触摸屏右下角"执行"，可以对该语言程序进行编辑，如图 3-43 所示。将第 41、43、48 行的关节参数用 P4 代替，此 P4 即为姿势文件 50 中第 4 个姿势变量；将第 86、88、92 行的关节参数用 P5 代替，此 P5 即为姿势文件 50 中第 5 个姿势变量。将第 40、42、47 行指令中的 X、Y 偏移量分别改为"V104！""V105！"，将第 69、83 行指令中的 X、Y 偏移量以及 Z 旋转偏移量分别改为"V101！ 100""V102！ /100"和"V103！ /100"，将第 8、12、16、20 行指令中的实数变量改为"50＊（V3%-1）"，将第 24、28、32、36 行指令实数变量改为"50＊（V3%-5）"，将第 59 行指令实数变量改为"V103！"，将第 82 行指令实数变量改为"V103！ +V121！"。如图 5-50 所示，单击触摸屏右下角"写入"，在弹出的对话

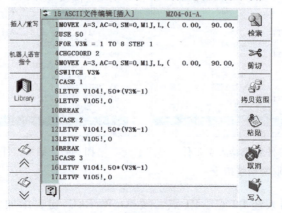

图 5-50　机器人语言程序编辑

框中选择"可行",完成搬运码垛程序 52 的修改。至此,工件分拣程序完成,如图 5-51 所示。

图 5-51 完整的分拣程序

（四）拍照数据收集子程序编程

参照主程序编制方法编写子程序，实现将拍照数据收集到 NACHI 工业机器人内部寄存器中，如图 5-52 所示。

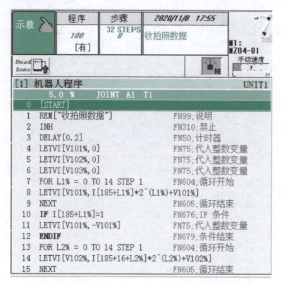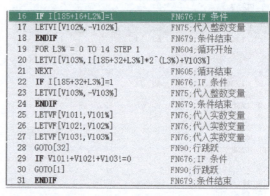

图 5-52 拍照收集子程序

（五）程序运行

打开计算机，并将拍照程序打开，手动运行程序，观察机器人的运行轨迹。注意运行速度以及机器人与平台的干涉，并进一步优化机器人姿态。内部自动运行程序，机器人自行完成分拣任务。

单击示教界面左上角"示教、再生条件"，在图 4-30 所示的界面中将光标移至启动选择栏，按<ENABLE>键和向右方向键选择"外部"，单击"写入"，可以实现机器人外部启动。将机器人控制柜和示教器上"示教/再生"模式开关转至再生，按工作台上的"上电""启动"按钮，如图 4-32 所示，实现外部启动并完成工件分拣任务。

五、问题探究

（一）移动功能

移动功能是指按照来自外部的要求，将"作业程序的记录位置"即时移动到"追加计入了指定移动量的位置"上的功能，不必改写作业程序中所记录的位置（编码器数据），在再生时暂时移动位置。

为了让机器人执行移动动作，需要向机器人传输移动所需的距离及角度（移动量）相关的信息，这个移动信息可通过视觉传感器等外部装置获取，也可以事先记录到程序中。

1. 常用术语

移动功能中常用的术语见表 5-11。

表 5-11 移动功能中常用的术语

术语	释义
移动量	指使机器人相对于原本记录好且应再生的位置进行移动时,需要提供的距离及角度信息
位移寄存器	指将主要用来存储通过视觉传感器等外部装置传输过来的移动量的临时区域。通过检索命令(SEA:FN59)检测到的移动量也可存储在同一位移寄存器中 本控制装置中共有 9 个位移寄存器。虽然是临时区域,但在电源被切断时,其数值可得以保存,再通电时能够复原 通常在再生步骤 0 时,它会被初始化(清零)。在再生步骤 0 时,如果不想清除位移寄存器内的值,可在手动示教、再生条件中,将"执行步骤 0 时位移寄存器的清除"设定为"不清除",就可以保留这些值
平行位移	指相对于指定的坐标系,使记录位置按指定移动距离移动的平行位移,工具的姿势与记录位置时的姿势保持一致
旋转位移	指不改变工具的前端位置,在指定了工具方向的坐标系上,选择指定的旋转量的位移

2. 与本控制装置的移动功能相关的命令

各命令的详情可参照各个应用命令的说明,各命令的简介见表 5-12。

表 5-12 命令简介

助记码	FN 码	FN 名称	概要
RINT	29	机器人挤进	将传感器输入作为"机器人挤进输入信号",在接触工件的位置上进行抓取/放开动作
SHIFTR	52	移动	使用在指定的位移寄存器上设定好的移动量,在指定了记录位置的坐标系上位移
LOCCVT	53	坐标转换 (偏离量)	以指定作为基准的 3 点及在位移寄存器 1~3 上设定的移动量为基础,移动修正记录位置
LOCCVT1	54	坐标转换 (坐标值)	以指定作为基准的 3 点及在位移寄存器 1~3 上设定的坐标值为基础,移动修正记录位置
SHIFTA	58	XYZ 移动	使用指定的移动量平行移动位置
SEA	59	检索	可在工件位置有偏差时检测偏离量,并将其保存在位移寄存器中。本功能与机器人挤进(FN29)命令并用
LETR	68	代入移动量	可在指定的位移寄存器上设定移动量
ADDR	69	合计移动量	可在指定的位移寄存器上加算指定的移动量
CHGCOORD	113	移动坐标系选择	选择移动时所使用的用户坐标编号。在用户坐标系上产生移动前,务必先通过该命令选择用户坐标编号
GETSFT	145	代入实数变量	从实数变量的指定编号开始顺序存储指定编号的位移寄存器的内容
LEFTY	161	左臂系统	计算机器人姿势时,可强制选择左臂系统的姿势
RIGHTY	162	右臂系统	计算机器人姿势时,可强制选择右臂系统的姿势
ABOVE	163	肘上侧系统	计算机器人姿势时,可强制选择肘上侧系统的姿势
BELOW	164	肘下侧系统	计算机器人姿势时,可强制选择肘下侧系统的姿势

(续)

助记码	FN 码	FN 名称	概要
FLIP	165	腕触发系统	计算机器人姿势时,可强制选择腕触发系统(J5 轴的角度为负)的姿势
NONFLIP	166	腕非触发系统	计算机器人姿势时,可强制选择腕非触发系统(J5 轴的角度为正)的姿势
FRANGE	202	凸缘轴基准角度	计算机器人姿势时,可指定 J6 轴的旋转方向
REGC	224	位移寄存器复制	可进行位移寄存器间的复制处理
CLRREGWR	699	清除位移寄存器的写入状态	将指定的位移寄存器的"输入结束"标志强制性设定为"0"
SIGREQ	723	移动量获取(信号)	通过输入移动量获取(信号)

(二) PROFINET

PROFINET 是由 PROFIBUS 国际组织(PROFIBUS International)制定的工业以太网标准,是可以在广域范围内实现高速传输大容量数据的工业网络系统。

通过使用网络连接限位开关、光传感器、操作面板和机器人等工业装置,并实现对各设备的输入/输出(网络 I/O)进行逻辑访问,可以改善原本难以进行硬件配线的装置间的通信,以及实现装置级别的诊断。

PROFINET 包括两种规范:PROFINET I/O 和 PROFINET CBA。本控制装置仅支持 PROFINET I/O 通信,用于通过网络进行输入/输出信号的转换,其性能见表 5-13。

PROFINET 通信需要 100Mbit/s 以上的通信速度,须在网络内使用支持 100Mbit/s 以上通信速度的集线器。

表 5-13　PROFINET 通信的性能

项目	规格
通路数	最多安装 4 个通路
主动节点/从动节点	仅支持从动节点 各通路中可以独立设定从动节点
通信	仅支持 I/O 通信
输入/输出点数	所有通路合计最多有 IN2048 点(256B)、OUT2048 点(256B)可用,能够覆盖本控制装置的所有通用信号(使用嵌入式 PLC 时)
地址	可以通过悬式示教作业操纵按钮台的按键输入,在各通路内设定本控制装置一方的工位名称、IP 地址、子网掩码、默认网关,同时也可以对使用 DCP 的地址进行设定
通信错误时输入数据的处理	可以选择在通信错误时保持或清除输入信号的状态

可能的错误原因包括:PROFINET 模块的硬件故障、电缆断线、集线器故障、节点地址的设定错误。

发生错误或异常指示 LED 点亮时,可能是 I/O 的状态异常。应充分注意可能因机器人或夹具等设备的各种联锁功能未正常启动导致发生意外的动作等问题。

1. 基板的构成
PROFINET 基板的构成部件见表 5-14。

表 5-14　PROFINET 基板的构成部件

序号	产品名称	品目编号/型号	备注
1	信息组信息转移通路基板	UM236-10	
2	PROFINET 模块	AB4392	从动节点
3	电缆引线面板		
4	基板固定螺钉	M4×8mm	

2. 硬件设定
PROFINET 功能需使用信息组信息转移通路基板（图 5-53）和 PROFINET 模块（图 5-54），信息组信息转移通路基板内最多可以装入两个 PROFINET 模块，因为未使用信息组信息转移通路基板上的拨码开关，所以无须进行设定。

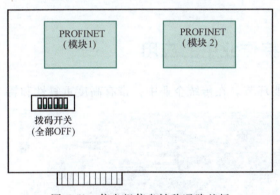

图 5-53　信息组信息转移通路基板

图 5-54　PROFINET 模块

3. 信息组信息转移通路的输入/输出信号
信号的分配位置取决于所使用的信息组信息转移通路号码。

1）初始设定（软件 PLC 无效）。

CH1：I161～I672/O161～O672（512 点）

CH2：I673～I1184/O673～O1184（512 点）

CH3：I1185～I1696/O1185～O1696（512 点）

CH4：I1697～I2048/O1697～O2048（352 点）

2）软件 PLC 有效时。

CH1：X1000～X1511/Y1000～Y1511（512 点）

CH2：X1512～X2023/Y1512～Y2023（512 点）

CH3：X2024～X2535/Y2024～Y2535（512 点）

CH4：X2536～X3047/Y2536～Y3047（512 点）

3）跨通路分配。信息组信息转移通路最多可以使用 4 个通路；4 个通路均不使用时，可以使用处于无效状态的通路的信号分配区域。下面以软件 PLC 有效时为例进行说明。软件 PLC 无效时也可以按照相同的思路进行分配。

仅使用 1 个通路时，通过使用通路 1 可以将 2048 点全部用于通路 1。

CH1：X1000～X3047/Y1000～Y3047（2048 点）

使用 2 个通路时，通路 1 和通路 3 可以分别使用 1024 点。

CH1：X1000～X2023/Y1000～Y2023（1024 点）

CH3：X2024～X3047/Y2024～Y3047（1024 点）

4．使用方法

按照以下步骤进行设定：

1）连接硬件。在 PCI 插件板连接器中追加 PROFIENT 基板。

2）设定信息组信息转移通路。设定使用的信息组信息转移通路号码、安装 PROFIENT 基板的插件板连接器编号。

3）详细设定 PROFIENT。设定 IP 地址、子网掩码、输入/输出字节数及传输异常时的处理方法。

硬件连接可能已在出厂时完成，信息组信息转移通路的信号输入/输出使用 PLC 时，需要另行设定软 PLC。

六、知识拓展——机器人在分拣作业中的应用

分拣作业是大多数流水生产线上的一个重要环节。在传统企业中，带有高度重复性和智能性的抓放工作一般依靠大量的人工去完成，不仅给工厂增加了巨大的人工成本和管理成本，还难以保证包装的合格率，而且人工的介入很容易给食品、医药带来污染，影响产品质量。基于机器视觉的机器人分拣与人工分拣作业相比，不仅高效、准确，而且在质量保障、卫生保障等方面有无法替代的优势。与传动的机械分拣作业相比，基于机器视觉的机器人分拣有适应性广、随时能变换作业对象和变换分拣工序的优势。机器人分拣技术是机器人技术与机器视觉技术的有机结合，在机器人分拣系统里，根据工件结构、尺寸等特点进行工件分拣是工业生产环节重要的组成部分，其目的是将不同类型的物料或工件分类摆放到相应的位置，其主要包括定位、识别、抓取和放置四个环节。如图 5-55 所示，视觉分拣机器人已广泛应用在机械、食品、医药和化妆品等生产领域。

图 5-55 流水线上的视觉分拣机器人

七、评价反馈

评价表见表 5-15。

表 5-15 评价表

基本素养(30 分)				
序号	评估内容	自评	互评	师评
1	纪律(无迟到、早退、旷课)(10 分)			
2	安全规范操作(10 分)			
3	团结协作能力、沟通能力(10 分)			
理论知识(30 分)				
序号	评估内容	自评	互评	师评
1	IF、GOTO 和 CALLP 等应用命令认知(5 分)			
2	用户任务认知(5 分)			
3	输入变量认知(5 分)			
4	套接字通信认知(5 分)			
5	软 PLC 认知(5 分)			
6	移动功能和 PROFINET 认知(5 分)			
技能操作(40 分)				
序号	评估内容	自评	互评	师评
1	分拣轨迹规划操作(10 分)			
2	用户坐标系测试(5 分)			
3	姿势文件制作(5 分)			
4	子程序编辑(10 分)			
5	分拣作业编程(10 分)			
综合评价				

八、练习题

1. 填空题

1) IF 语句通常与_____、_____、_____和_____配套使用。

2) 用户任务是令使用_____与_____并行动作的功能。

3) 套接字程序的一般使用步骤为_____、_____和_____。

4) PROFINET 通信错误的原因包括_____、_____和_____。

2. 操作题

对图 5-56 所示的分拣插件平台上的 3 个工件进行分拣插件操作,即把 3 个工件分拣插件到插件区。

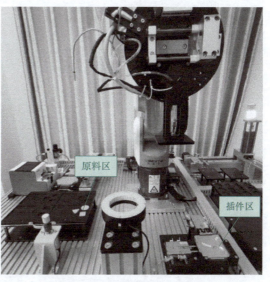

图 5-56 分拣插件作业平台

参 考 文 献

［1］ 刘杰，刘涛. 工业机器人应用技术基础［M］. 武汉：华中科技大学出版社，2019.
［2］ 刘小波. 工业机器人技术基础［M］. 2版. 北京：机械工业出版社，2019.
［3］ 许文稼，张飞. 工业机器人技术基础［M］. 北京：高等教育出版社，2017.
［4］ 杨杰忠，王泽春，刘伟. 工业机器人技术基础［M］. 北京：机械工业出版社，2017.
［5］ 侯守军，金陵芳. 工业机器人技术基础［M］. 北京：机械工业出版社，2018.
［6］ 姚屏，等. 工业机器人技术基础［M］. 北京：机械工业出版社，2020.
［7］ 田小静. 工业机器人技术基础及应用［M］. 北京：机械工业出版社，2020.
［8］ 张明文. 工业机器人基础及应用［M］. 北京：机械工业出版社，2018.
［9］ 韩珂，蔡小波，司兴登. 工业机器人技术基础［M］. 武汉：华中科技大学出版社，2018.
［10］ 杨立云. 机器人技术基础［M］. 北京：机械工业出版社，2018.